U0821020

高等职业教育（专科）“十三五”规划教材

现代农机运用技术

柳咏芬　主编

中国农业大学出版社
·北京·

内 容 简 介

本书是高职院校农业装备应用技术专业核心课程农机运用配套教材。本书依据《中华人民共和国农业机械化促进法》《中华人民共和国农业机械安全监督管理条例》《中华人民共和国道路交通安全法》《中华人民共和国知识产权法》，系统地分析在实际生产中，安全、高效、低耗、高质量、低成本地完成农机作业任务，围绕经济效益、社会效益、生态效益，根据现代农机岗位多样化、智能化、网络化需求，以岗位任务技能需求为核心，具体解决农机配备与配套、农业机械技术管理、农机油料管理和使用、农机安全监理、农机社会化服务、农机创新设计等岗位作业内容。

本书内容深入浅出、通俗易懂，具有很强的针对性和实用性，是高等职业教育及新型职业农民教育的专用书，也可作为现代青年农民的培训书，还可作为相关专业人员的参考书。

图书在版编目(CIP)数据

现代农机运用技术/柳咏芬主编. — 北京：中国农业大学出版社，2019.12
ISBN 978-7-5655-2316-8

Ⅰ.①现… Ⅱ.①柳… Ⅲ.①农业机械—高等职业教育—教材 Ⅳ.①S22

中国版本图书馆 CIP 数据核字(2019)第 282068 号

书　　名 现代农机运用技术
作　　者 柳咏芬 主编

策划编辑 张 玉 张 蕊　　**责任编辑** 张 玉 邢永丽
封面设计 郑 川
出版发行 中国农业大学出版社
社　　址 北京市海淀区圆明园西路 2 号　　**邮政编码** 100193
电　　话 发行部 010-62733489，1190　　读者服务部 010-62732336
编辑部 010-62732617，2618　　出 版 部 010-62733440
网　　址 http://www.caupress.cn　　**E-mail** cbsszs @ cau.edu.cn
经　　销 新华书店
印　　刷 涿州市星河印刷有限公司
版　　次 2019 年 12 月第 1 版　2019 年 12 月第 1 次印刷
规　　格 787×1 092　16 开本　12.75 印张　310 千字
定　　价 46.00 元

编写人员

主　编　柳咏芬（黑龙江农垦科技职业学院）

副主编　李　冬（黑龙江农垦科技职业学院）
于丽颖（辽宁农业职业技术学院）

参　编　武　志（黑龙江北大荒种业集团有限公司）
刘凤喜（黑龙江农垦科技职业学院）
贾毕清（淮安生物工程高等职业学校）

前言

《现代农机运用技术》是高职农业装备应用技术专业核心课程系列教材之一。进入“十三五”后，我国农业现代化进入快速发展阶段，农业机械作为农业现代化的重要支柱，也产生重大变革。如何灵活应用农业装备，适应时代发展需求、适应当代农机岗位属性变化，成为新的探讨内容。本教材根据项目驱动式教学的需要，以引导学生主动学习为目的，进行体例架构设计，以适应高等农业职业教育和新型职业农民教育创新和改革的需要。本教材重点介绍农机配备与配套、农业机械技术管理、农机油料管理和使用、农机安全监理、农机社会化服务、农机创新、农业机械化、农机营销、农业机械机组等内容，涵盖了目前常用的农机配备与配套技术、农业机械作业与管理技术、农机安全监理等各个方面。

本教材由黑龙江农垦科技职业学院柳咏芬担任主编，黑龙江农垦科技职业学院李冬担任副主编，黑龙江北大荒种业集团有限公司武志、黑龙江农垦科技职业学院刘凤喜、淮安生物工程高等职业学校贾毕清参与共同编写。其中模块二、模块三由柳咏芬编写，模块一、模块七由李冬编写，模块四由于丽颖编写，模块五由武志编写，模块八由刘凤喜编写，模块六由贾毕清编写，柳咏芬最后统稿。黑龙江八一农垦大学农业工程学院的相关同志，在本教材编写过程中给予了大力的支持，在此一并表示感谢。

由于编者水平有限，加之时间仓促，教材中存在着不同程度和不同形式的错误和不妥之处，衷心希望广大读者及时发现并提出，更希望广大读者对教材编写质量提出宝贵意见，以便修订和完善，进一步提高教材质量。

编　者

2019 年 9 月

目 录

模块一

农业机械化

项目 1

农业机械分类及管理法规

【项目描述】

农业机械是发展现代农业的重要物质基础，农业机械化是农业现代化的重要标志。农业机械化水平直接影响土地产出率、农业劳动生产率、农业生产标准化程度、农业产业化水平，是建设现代农业的关键一环。大规模的机械化作业，不仅促进了粮食生产的发展，而且由于劳动生产率的提高，促进了农业结构的调整，使畜牧业及农产品加工业、运输业等二三产业得到了极大的发展。

有些人认为，农机教学就是讲授大田耕、翻、种、收的，从业后工作环境差、劳动强度大、社会地位低，学生学习农机专业不如直接去当农民。其实这种看法是没有真正了解农机行业。

农业机械是指用于农业生产及其产品初加工等相关农事活动的机械、设备。它包括 15 个大类，49 个小类，257 个品目。生产的环节涉及从主粮到经济作物，从一家一户到规模化，从粗犷到精准，从最基础的完成耕翻生产功能到智能施肥、精准播种，不仅仅解决温饱问题，更有解决经济效益、生态效益的功用。先进的农业机械，几乎包括了所有前沿科技。只会完成驾驶和基本作业，已不再是现代职业农民的水平能力要求。先进农业机械的技术应用，空调、悬浮驾驶室、发动机高压共轨电喷技术、变速箱负载换挡、卫星自动导航辅助转向、免耕播种、智能测深施肥，这些技术的应用，使得维护、使用、管理只是基础任务，大数据的处理分析，没有过硬的知识体系是很难完成的。农业机械生产、鉴定、销售、维修、推广、使用、培训、安全监理、监督管理等活动，更是依赖高等级的农机教育学习才能完成的，有些工作还有资格、资质、学历等的门槛。农机专业毕业的学生，同其他专业学生一样，拥有干净的工作环境、宽阔的晋升空间和体面的工资待遇。

任务1　农业机械分类

【任务目标】

1. 认知农业机械及农机具分类。
2. 掌握典型农机机型。

【任务准备】

农业机械是指用于农业生产及其产品初加工等相关农事活动的机械和设备。广义的农业机械涵盖了大农业范围内的农、林、牧、副、渔等所有的作业设备，田间作业机械、场上作业机械、农副产品加工机械、林业机械、渔业机械、牧草机械、畜禽饲养机械、饲料加工机械、农田基本建设机械等。狭义的农业机械主要是指田间作业机具，包括耕整机械、播种施肥机械、田间管理机械、植保机械、排灌机械、收获机械等。

农机在农业生产中，可以提高劳动生产率，一台喂入量为 2.5 kg/s 的大型谷物联合收获机的作业效率是人工收割的 150 倍以上。促进增产措施的实施与发展，开展农田基本建设，实施旱灌涝排，建立稳产高产田，应用水稻集中浸种催芽技术、插秧机插秧可以抢农时并提高产量。用联合收获机能及时干净地收获农产品，避免雨雪霜冻损失。农机可以改善劳动条件，现代农业机械已逐步根据人体工程学的研究，设有减少疲劳、防止尘埃和消除噪声的装置，建立了电子监视监测、自动调节和报警系统，便于操作者及时了解掌握机器的工作状况，坚固结实的驾驶室能保证安全操作，避免人身伤亡事故等。

农机在农业生产中工作对象复杂，农业机械的工作对象为生物及与生物活动有关的环境条件（如土壤、水、肥料、作物等），这就要求农业机械应具有较强的适应性。季节性强，农业生产是在时间比较集中的高强度条件下进行作业，抢种抢收，这就需要农业机械具有较高的可靠性和生产率。工作环境条件差，大多数农业机械是在田间、露天地和高负荷状态下工作的，农业机械必须有较高的产品质量和管理水平。

一、农业机械分类

根据中华人民共和国农业行业标准 NY/T 1640—2015，农业机械共分大类、小类和品目 3 个层次。共分 15 个大类，49 个小类（不含“其他”），257 个品目。大类按农业生产活动的环节划分；小类按农业机械的功能划分；品目按农业机械的结构、作业方式、作业对象进行划分，并按其进入农业生产的时间先后进行排序。大类代码以 2 位阿拉伯数字表示，代码从“01”至“15”，小类代码以 4 位阿拉伯数字表示，具体品目代码以 6 位阿拉伯数字表示，最后 2 位为顺序码。类及品目代码均由上位类代码加顺序码组成。如表 1-1 农业机械分类及代码表（部分）。

表 1-1　农业机械分类及代码表(部分)

大类		小类		品目	
代码	名称	代码	名称	代码	名称
01	耕整地机械	0101	耕地机械	010101	铧式犁
				010103	旋耕机
02	种植施肥机械	0201	播种机械	020101	条播机
				020103	精量播种机

二、农机具编码规则

农机具产品全称包括产品牌号、产品型号和产品名称三部分。产品牌号主要用于识别产品的生产单位。产品牌号可用地名、物名和其他有意义的名词命名,列于产品名称之前;产品转厂生产时,牌号可以改变,型号不得改变。产品型号由汉语拼音字母(以下简称"字母")和阿拉伯数字(以下简称"数字")组成,表示农机具的类别和主要特征。

产品型号依次由分类代号、特征代号和主参数代号三部分组成。大类分类代号由数字组成。小类分类代号以产品基本名称的汉语拼音文字第一个字母表示,为了避免型号重复,小类代号的字母,必要时可以选取汉语拼音文字的第二个或其后面的字母。主参数代号用以反映农机具主要技术特性或主要结构的参数,用数字表示。改进产品的型号在原型号后加注字母"A"表示,称为改进代号。如进行了几次改进,则在字母"A"后加注顺序号。农机产品型号命名规则见图 1-1。表 1-2 农机具产品型号编制规则。

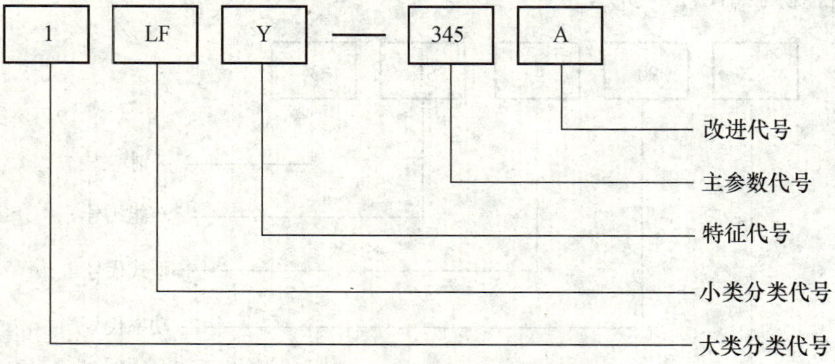

图 1-1　农机产品型号命名规则

表 1-2　农机具产品型号编制规则

机具类别和名称	代号	示例
耕耘和整地机械	1	1L-铧式犁、1B-钉齿耙、1Y-镇压器
种植和施肥机械	2	2B-谷物播种机、2F-施肥机
田间管理和植保机械	3	3ZF-中耕机追肥机、3WB-背负喷雾机
收获机械	4	4YZ-自走式玉米收获机、4LB-半喂入联合收割机

续表 1-2

机具类别和名称	代号	示例
脱粒、清洗、烘干和贮存机械	5	5X-风筛清选机、5H-粮食烘干机
农产品加工机械	6	6NF-分离式稻谷碾米机、6YL-螺旋榨油机
农用运输机械	7	7CB-半挂车、7YH-棉花运输车
排灌机械	8	8L-离心泵、8Q-潜水泵
畜牧机械	9	9Z-铡草机、9WL-链式喂料机
水产养殖机械	10	10T 投饵机、10Z 增氧机
农村废弃物利用设备	11	11J 秸秆利用设备
农田基本建设机械	12	12T 推土机
设施农业设备	13	13M 卷膜机
其他机械	0	CJ 草坪修剪机

注：属于其他机械类的农机具在编制型号时不标出“0”。

三、拖拉机型号

拖拉机一般由产品系列代号、功率代号、型式代号、功能代号和区别标志组成。产品系列代号可用两个大写汉语拼音字母表示，用以区别不同系列和不同设计的机型。功率代号用发动机标定 12 小时功率值(单位为 kW)的 1.36 倍的整数表示。型式代号采用数字符号：0 后轮驱动四轮式；1 手扶式；2 履带式；3 三轮或并置前轮式；4 四轮驱动式；5 自走底盘式；6 船式。功能代号采用字母符号，空白为一般农业用途、D 大棚用、E 工程用、G 果园用、H 高地隙中耕用、J 集材用、L 营林用、P 坡地用、S 水田用、T 运输用、Y 园艺用、Z 沼泽地用。拖拉机型号命名规则如图 1-2 所示。

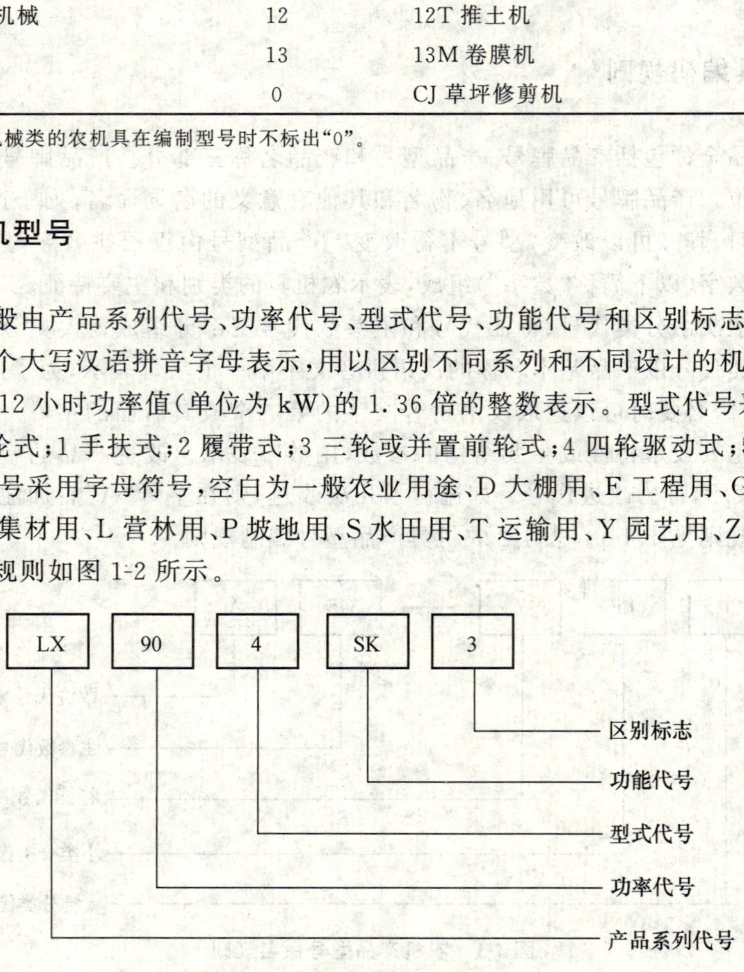

图 1-2　拖拉机型号命名规则

【任务实施】

1. 请根据表 1-3 提供的数据，对机具型号进行解读，在网上找到相应的实物图片，按 PPT 模式编辑，并填写主要参数。

2. 请根据表 1-1 提供的数据，查找完整的农机分类文件，为每一个品目查找一个典型机型，按 PPT 模式编辑，并填写主要参数。

表 1-3 黑龙江省 2017 年第二批农机购置补贴产品归档信息表(部分)

序号	机具大类	机具小类	机具品目	生产企业	产品名称	机具型号	主要参数
5	耕整地机械	耕地机械	深松机	禹城市龙泰钢结构有限公司	深松整地联合作业机	1SZL-220	
39	耕整地机械	耕地机械	旋耕机	黑龙江农垦钦田农业机械制造有限公司	水田平地搅浆机	1JS-280	
47	耕整地机械	耕地机械	联合整地机	四平农丰乐农业装备有限公司	联合整地机	1GZS-210	
54	耕整地机械	耕地机械	翻转犁	河北中友机电设备有限公司	悬挂翻转调幅铧式犁	1LFT-350	
63	耕整地机械	整地机械	圆盘耙	黑龙江省鑫元丰农业机械有限责任公司	液压折叠重耙	1BYZP-7.8	
67	种植施肥机械	播种机械	穴播机	河北中友机电设备有限公司	气力精密播种机	2BFQ-6	
70	种植施肥机械	播种机械	免耕播种机	保定市鑫飞达农机装备有限公司	玉米免耕精量播种机	2BYZF-4	
99	种植施肥机械	栽植机械	水稻插秧机	井关农机(常州)有限公司	乘坐式高速插秧机	2Z-8A3(PZ80-AHDRT25)	
101	收获机械	谷物收获机械	自走轮式谷物联合收割机(全喂入)	江苏沃得农业机械有限公司	轮式自走全喂入式谷物联合收割机	4LZ-7C	
102	收获机械	谷物收获机械	自走轮式谷物联合收割机(全喂入)	雷沃重工股份有限公司	自走式谷物联合收割机	4LZ-8M1	
104	收获机械	谷物收获机械	自走轮式谷物联合收割机(全喂入)	凯斯纽荷兰工业(哈尔滨)机械有限公司	谷物联合收割机	4LZ-11(4077)	
106	收获机械	谷物收获机械	自走履带式谷物联合收割机(全喂入)	雷沃重工股份有限公司	履带式全喂入谷物联合收割机	4LZ-6G1	
241	收获后处理机械	干燥机械	粮食烘干机	湖北名泰农机有限公司	循环式谷物干燥机	5HX-35	
333	动力机械	拖拉机	轮式拖拉机	山东瑞泽重工有限公司	轮式拖拉机	RZ1604-F	
334	动力机械	拖拉机	轮式拖拉机	道依茨法尔机械有限公司	轮式拖拉机	CD1504	
349	动力机械	拖拉机	轮式拖拉机	雷沃重工股份有限公司	轮式拖拉机	M2604-K	

【任务巩固】

一、农业机械的分类标准变化的内涵分析

参考数据：新标准与 NY/T 1640—2008 相比，主要技术内容变化如下：——修改了本标准的范围；——删除了术语和定义；——修改了原则及规定；——删除了畜牧水产养殖机械大类；——增加了畜牧机械和水产机械两个大类；——删除了地膜机械、仓储机械、棉花加工机械、燃油发电机组、风力设备、水利设备、太阳能设备、日光温室设施设备、塑料大棚设施设备、连栋温室设施设备、包装机械、牵引机械共 12 个小类；——增加了食用菌生产设备、水产捕捞机械、温室大棚设备 3 个小类；——删除了“网围栏”“保温被”“太阳灶”等品目；——增加了“圆草捆包膜机”“养蜂平台”“吸鱼泵”“船式拖拉机”等新发展的品目；——调整一部分品目所在的小类、部分小类所在的大类及个别大类的位置；——除“其他机械”大类外，在小类及品日中，删除了“其他”项。

二、农机具的命名规则变化内涵分析

参考数据：新标准代替 JB/T 8574—1997《农机具产品型号编制规则》，与 JB/T 8574—1997 相比主要技术变化增加了“水产养殖机械、农村废弃物利用设备、农田基本建设机械、设施农业设备”等四大类；——增加了驱动圆盘犁、微型耕耘机、起垄机、深松机、驱动耙、免耕播种机、秧盘播种机、电动喷雾器、杀虫灯、棉秆收获机、油菜籽收获机、甘蔗收获机、豆类收获机、葡萄收获机、玉米脱粒机、扁形茶炒制机、贮奶罐和卷帘机等新产品型号编制内容；——删去间歇喷雾器、单一功能收割机、农用运输车的型号编制内容。

任务 2　农业机械管理法规

【任务目标】

1. 熟悉农业机械管理机构。
2. 掌握农机管理规范。

【任务准备】

中华人民共和国农业农村部是主管农业与农村经济发展的国务院组成部门。国务院综合管理种植业、畜牧业、水产业、农垦、乡镇企业和饲料工业等产业的职能部门，又是农村经济宏观管理的协调部门。拟定种植业、畜牧业、渔业、农机机械化、乡镇企业、农垦等农业各产业和农村经济发展政策、发展战略、中长期发展规划并指导实施，组织、协调农业生产资料市场体系建设。依法负责渔船、渔机、网具的监督管理。拟订有关农业生产资料国家标准并

会同有关部门实施监督。指导农业机械化发展和农机安全监理。直属机构包括农垦局、农业机械化管理司等，下属单位包括农业机械化技术开发推广总站等。

为加强农机安全管理，农村部（现为中华人民共和国农业农村部）于 1999 年 6 月 8 日成立了农机监理总站（在农机推广总站加挂农机监理总站牌子）。农机监理总站的主要职能是：组织农机安全生产检查；承担农机安全技术检验标准、驾驶（操作）人员考试办法、农机安全作业规程等监理法规的研究、起草和论证工作；承担农机事故统计分析，提出防范措施，协助地方处理重特大农机事故；组织开发农机监理装备，推广农机监理所需的仪器、设施和设备；组织编写农机安全宣传材料和农机监理人员培训教材；开展农机监理人员培训与业务交流活动；承担农机监理计算机软件开发和组织农机监理信息网络建设工作；承担农业机械化管理司交办的其他农机安全监理工作。

农业机械安全监督管理机构简称农机安全监理机构，农机安全监理机构依法履行农机安全监管职责，确保农机安全生产，保障农民群众生命财产安全，促进农业机械化又好又快发展。各级农机安全监理机构是农机化主管部门所属的承担农机安全宣传教育、农业机械牌证核发审验、农机安全生产检查、农机事故处理等公共安全管理职责的执法单位。农机安全监理机构按照法律、法规和规章的要求，开展以下工作：贯彻落实国家有关农机安全生产的法律法规和政策；农业机械的登记和备案；农业机械的安全技术检验；驾驶操作人员的考试、证件核发和审验；农机安全生产法律、法规和安全知识宣传教育；农机安全生产隐患排查治理、违法违规行为查处；农机事故统计、报告、调查处理；国家和地方法律法规授权的其他事项。

具体承担农业机械登记和驾驶证核发业务的农机安全监理机构一般应设置以下岗位：业务领导、登记审核、安全技术检验、驾驶人考试、牌证管理、档案管理以及安全检查、事故处理、统计分析、安全宣传教育等。农业机械登记和驾驶证核发工作流程的相邻岗位不能兼任。安全技术检验、驾驶人考试、安全检查、行政处罚、事故现场勘察、事故责任认定、损害赔偿调解等工作至少由 2 人共同完成。

农机安全监理人员是指各级农机安全监理机构依法履行农机安全监理工作职责，在编、在岗的工作人员，包括检验员、考试员、事故处理员和其他管理人员。农机安全监理人员一般要求：熟悉农机安全生产方面的法律、法规和规章；熟练掌握农业机械安全技术检验标准；掌握正确使用安全技术检验装备（设备）的方法；熟悉农业机械常识和农机安全操作规程；具有大专以上文化程度，从事农机安全监理工作 2 年以上；持有拖拉机、联合收割机驾驶证，并有 2 年以上安全驾驶经历。从事农机行政执法的人员必须持有行政执法证。

农机安全监理人员不得有下列行为：违规发放农业机械登记证书、号牌、行驶证、检验合格标志；为不符合驾驶许可条件、未经考试或考试不合格人员发放农业机械驾驶证；迟报、漏报、谎报或者瞒报农机事故；不公正处理农机事故；违法扣留拖拉机、联合收割机及其号牌、行驶证、驾驶证；依法收取农机监理费或实施罚款时，不开具统一收费或罚没票据；利用职务上的便利收受他人财物或者谋取其他利益；推诿刁难、态度恶劣；伪造、变造、倒卖牌证；不履行农机安全监理职责的其他行为。

一、《中华人民共和国农业机械化促进法》简介

《中华人民共和国农业机械化促进法》由中华人民共和国第十届全国人民代表大会常务委员会第十次会议于 2004 年 6 月 25 日通过，自 2004 年 11 月 1 日起实施。

本法所称农业机械，是指用于农业生产及其产品初加工等相关农事活动的机械、设备。本法所称农业机械化，是指运用先进适用的农业机械装备农业，改善农业生产经营条件，不断提高农业的生产技术水平和经济效益、生态效益的过程。

为了鼓励、扶持农民和农业生产经营组织使用先进适用的农业机械，促进农业机械化，建设现代农业，制定本法。

农民和农业生产经营组织有自主购买农业机械产品的权利。农机标准体系建设，应当遵循国家强制执行的技术规范。产品质量监督部门有对农业机械产品质量的监督抽查义务。农机生产、销售者必须对自己的产品承担零配件供应和培训等售后服务。农机生产者设置有安全防护装置、警示标志和中文警示说明的义务。农业机械使用者作业时，应在有危险的部位和作业现场设置防护装置或者警示标志。农业机械产品不符合质量要求的，农业机械生产者、销售者应当负责修理、更换、退货；因缺陷造成人身伤害、财产损失的，当依法赔偿损失。农业机械使用者有权要求农业机械销售者先予赔偿。未经认证产品，禁止出厂、销售和进口。禁止利用残次零配件和报废机具的部件拼装农业机械产品。推广的农机应具有先进性和适用性。并通过农业机械试验鉴定机构鉴定。任何单位和个人不得以区域化、标准化种植为借口，侵犯农民的土地承包经营权。有偿农业机械作业应当符合国家或者地方规定的农业机械作业质量标准。从事农业机械维修，应当具备与维修业务相适应的仪器、设备和具有农业机械维修职业技能的技术人员。维修质量不合格的，维修者应当免费重新修理；造成人身伤害或者财产损失的，维修者应当依法承担赔偿责任。国家对农业机械的科研开发和制造实施税收优惠政策。购买国家支持推广的先进适用的农业机械给予补贴。从事农业机械生产作业服务的收入，按照国家规定给予税收优惠。国家对农业机械的农业生产作业用燃油安排财政补贴。燃油补贴应当向直接从事农业机械作业的农民和农业生产经营组织发放。农业机械驾驶、操作人员违反国家规定的安全操作规程，违章作业的，予以处罚；构成犯罪的，依法追究刑事责任。农业机械试验鉴定机构对自己的证明负责，有过失的承担赔偿责任。农业机械产品鉴定自主申请，强制违法（区别于法定认证产品）。截留、挪用有关补贴资金违法。

二、《中华人民共和国农业机械安全监督管理条例》简介

本条例所称农业机械，是指用于农业生产及其产品初加工等相关农事活动的机械、设备。在中华人民共和国境内从事农业机械的生产、销售、维修、使用操作以及安全监督管理等活动，应当遵守本条例。

农业机械安全监督管理应当遵循以人为本、预防事故、保障安全、促进发展的原则。国务院有关部门和地方各级人民政府、有关部门应当加强农业机械安全法律、法规、标准和知识的宣传教育。农业生产经营组织、农业机械所有人应当对农业机械操作人员及相关人员

进行农业机械安全使用教育，提高其安全意识。

国家鼓励和支持开发、生产、推广、应用先进适用、安全可靠、节能环保的农业机械，建立健全农业机械安全技术标准和安全操作规程。农业机械安全技术标准是强制执行的标准。农业机械销售者应当向购买者说明农业机械操作方法和安全注意事项，并依法开具销售发票。

农业机械生产者应当按照农业机械安全技术标准对生产的农业机械进行检验；农业机械经检验合格并附具详尽的安全操作说明书和标注安全警示标志后，方可出厂销售；依法必须进行认证的农业机械，在出厂前应当标注认证标志。上道路行驶的拖拉机，依法必须经过认证，在出厂前应当标注认证标志，并符合机动车国家安全技术标准。

国家建立落后农业机械淘汰制度和危及人身财产安全的农业机械报废制度，并对淘汰和报废的农业机械依法实行回收。农业机械生产者、销售者发现其生产、销售的农业机械存在设计、制造等缺陷，可能对人身财产安全造成损害的，应当立即停止生产、销售，及时报告当地质量监督部门、工商行政管理部门，通知农业机械使用者停止使用。农业机械生产者应当及时召回存在设计、制造等缺陷的农业机械。

禁止生产、销售下列农业机械：不符合农业机械安全技术标准的；依法实行工业产品生产许可证管理而未取得许可证的；依法必须进行认证而未经认证的；利用残次零配件或者报废农业机械的发动机、方向机、变速器、车架等部件拼装的；国家明令淘汰的。

从事农业机械维修经营，应当有必要的维修场地，维修设施、设备和检测仪器，有相应的维修技术人员，有安全防护和环境保护措施，取得相应的维修技术合格证书。申请农业机械维修技术合格证书，应当向当地县级人民政府农业机械化主管部门提交下列材料：农业机械维修业务申请表；申请人身份证明、营业执照；维修场所使用证明；主要维修设施、设备和检测仪器清单；主要维修技术人员的国家职业资格证书。

从事农业机械维修不得有下列行为：使用不符合农业机械安全技术标准的零配件；拼装、改装农业机械整机；承揽维修已经达到报废条件的农业机械。

三、《中华人民共和国行政处罚法》简介

为了规范行政处罚的设定和实施，保障和监督行政机关有效实施行政管理，维护公共利益和社会秩序，保护公民、法人或者其他组织的合法权益，根据宪法，制定本法。公民、法人或者其他组织违反行政管理秩序的行为，应当给予行政处罚的，依照本法由法律、法规或者规章规定，并由行政机关依照本法规定的程序实施。没有法定依据或者不遵守法定程序的，行政处罚无效。

公民、法人或者其他组织对行政机关所给予的行政处罚，享有陈述权、申辩权；对行政处罚不服的，有权依法申请行政复议或者提起行政诉讼。限制人身自由的行政处罚权只能由公安机关行使。对当事人的同一个违法行为，不得给予两次以上罚款的行政处罚。行政机关不得因当事人申辩而加重处罚。

依法从轻或者减轻行政处罚，主动消除或者减轻违法行为危害后果的；受他人胁迫有违法行为的；配合行政机关查处违法行为有立功表现的。

四、《中华人民共和国行政诉讼法》简介

公民、法人或者其他组织认为行政机关和行政机关工作人员的具体行政行为侵犯其合法权益，有权依照本法向人民法院提起诉讼。主要有对拘留、罚款、吊销许可证和执照、责令停产停业、没收财物等行政处罚不服的；对限制人身自由或者对财产的查封、扣押、冻结等行政强制措施不服的；认为行政机关侵犯法律规定的经营自主权的；认为符合法定条件申请行政机关颁发许可证和执照，行政机关拒绝颁发或者不予答复的；申请行政机关履行保护人身权、财产权的法定职责，行政机关拒绝履行或者不予答复的；认为行政机关没有依法发给抚恤金的；认为行政机关违法要求履行义务的；认为行政机关侵犯其他人身权、财产权的。

五、《中华人民共和国道路交通安全法》简介

为了维护道路交通秩序，预防和减少交通事故，保护人身安全，保护公民、法人和其他组织的财产安全及其他合法权益，提高通行效率，制定本法。中华人民共和国境内的车辆驾驶人、行人、乘车人以及与道路交通活动有关的单位和个人，都应当遵守本法。

机关、部队、企业事业单位、社会团体以及其他组织，应当对本单位的人员进行道路交通安全教育。

国家对机动车实行登记制度。机动车经公安机关交通管理部门登记后，方可上道路行驶。尚未登记的机动车，需要临时上道路行驶的，应当取得临时通行牌证。驾驶机动车上道路行驶，应当悬挂机动车号牌，放置检验合格标志、保险标志，并随车携带机动车行驶证。机动车号牌应当按照规定悬挂并保持清晰、完整，不得故意遮挡、污损。

对登记后上道路行驶的机动车，应当依照法律、行政法规的规定，根据车辆用途、载客载货数量、使用年限等不同情况，定期进行安全技术检验。对提供机动车行驶证和机动车第三者责任强制保险单的，机动车安全技术检验机构应当予以检验，任何单位不得附加其他条件。对符合机动车国家安全技术标准的，公安机关交通管理部门应当发给检验合格标志。公路监督检查的专用车辆，应当依照公路法的规定，设置统一的标志和警示灯。

任何单位或者个人不得有下列行为：拼装机动车或者擅自改变机动车已登记的结构、构造或者特征；改变机动车型号、发动机号、车架号或者车辆识别代号；伪造、变造或者使用伪造、变造的机动车登记证书、号牌、行驶证、检验合格标志、保险标志；使用其他机动车的登记证书、号牌、行驶证、检验合格标志、保险标志。

国家实行机动车第三者责任强制保险制度，设立道路交通事故社会救助基金。

六、《中华人民共和国行政许可法》简介

行政机关根据公民、法人或者其他组织的申请，经依法审查，准予其从事特定活动的行为。有关行政许可的规定应当公布；未经公布的，不得作为实施行政许可的依据。行政许可的实施和结果，除涉及国家秘密、商业秘密或者个人隐私的外，应当公开。

七、《中华人民共和国安全生产法》简介

在中华人民共和国领域内从事生产经营活动的单位(以下统称"生产经营单位")的安全生产,适用本法。安全生产管理,坚持安全第一、预防为主的方针。生产经营单位必须遵守本法和其他有关安全生产的法律、法规,加强安全生产管理,建立、健全安全生产责任制度,完善安全生产条件,确保安全生产。生产经营单位的主要负责人对本单位的安全生产工作全面负责。

八、《生产安全事故报告和调查处理条例》简介

为了规范生产安全事故的报告和调查处理,落实生产安全事故责任追究制度,防止和减少生产安全事故,制定本条例。事故报告应当及时、准确、完整,任何单位和个人对事故不得迟报、漏报、谎报或者瞒报。事故调查处理应当坚持实事求是、尊重科学的原则,及时、准确地查清事故经过、事故原因和事故损失,查明事故性质,认定事故责任,总结事故教训,提出整改措施,并对事故责任者依法追究责任。

【任务实施】

一、根据农机相关法律法规规定,进行对错判断训练

(1)农民和农业生产经营组织是发展农业机械化的主体。

(2)2007 年中央一号文件要求:加快粮食生产机械化进程,因地制宜地拓展农业机械化的作业和服务领域,在重点农时季节组织开展跨区域的机耕、机播、机收作业服务。

(3)农业机械维修实行质量保证期制度。整机或总成修理质量保证期为 12 个月。

(4)因农业机械存在缺陷造成人身伤害、财产损失的,农业机械生产者、销售者应当依法赔偿损失。

(5)禁止生产、销售不符合国家技术规范强制性要求的农业机械产品。

(6)农业机械维修者,应当具备符合有关农业行业标准规定的设备、设施、人员、质量管理、安全生产及环境保护等条件,取得相应类别和等级的《农业机械维修技术合格证》,并持《农业机械维修技术合格证》到工商行政管理部门办理工商注册登记手续后,方可从事农业机械维修业务。

(7)禁止利用残次零配件和报废机具的部件拼装农业机械产品。

(8)农业机械补贴只能采用贴息方式支持金融机构向农民和农业生产经营组织购买先进适用的农业机械提供贷款。

(9)联合收割机在收费公路上行驶可免交车辆通行费,但运送联合收割机参加跨区作业的汽车不可免交车辆通行费。

(10)国家支持和保护农民在坚持家庭承包经营的基础上,积极组织区域化、标准化种植,提高农业机械的作业水平。

(11)新的《黑龙江省农业机械管理条例》规定,驾驶未按规定核发牌证的农业机械,或者

使用伪造、失效的号牌、行驶证、驾驶证的，处以二百元以上五百元以下的罚款，对伪造、失效的号牌、行驶证、驾驶证予以没收。

(12)拖拉机涉及道路交通、农机安全违法行为或者交通、农机事故未处理完毕的，只要说明情况，可核发检验合格标志。

(13)国家鼓励跨行政区域开展农业机械作业服务。

(14)有偿农业机械作业应当符合国家或者地方规定的农业机械作业质量标准。

(15)农业生产经营组织应当对联合收割机驾驶操作及相关人员进行安全教育，提高安全生产意识。

(16)国家支持有关科研机构和院校加强农业机械化科学技术研究，根据不同的农业生产条件和政府需求，研究开发先进适用的农业机械。

(17)按照《道路交通安全法》规定，以前由农业机械主管部门发放的机动车号牌自2004年5月1日起自动失效。

(18)农民和农业生产经营组织购置的农业机械不在国家、省政府支持推广的先进适用农业机械产品目录内的，也能享受中央、省财政安排的购机专项资金补贴。

(19)发生严重自然灾害或者说突发公共事件时，当地人民政府可以调集农业机械投入抢险救灾，抢险救灾结束后，应当给予适当的经济补偿。

(20)农业机械推广实行推广责任制，谁推广，谁负责。

(21)农民专业合作社是在农村家庭承包经营基础上，同类农产品的生产经营者或者同类农业生产经营服务的提供者、利用者，自愿联合、民主管理的互助性经济组织。

(22)《道路交通安全法》将拖拉机分为上道路行驶拖拉机和纯农田作业拖拉机。

(23)按照有关规定，联合收割机可分为自走式联合收割机和悬挂式联合收割机。

(24)联合收割机驾驶员应熟练掌握联合收割机操作技能，熟悉基本农艺要求和作业质量标准，持有公安部门核发的有效驾驶证件。

(25)农机监理机构应当对年龄在70周岁以上的拖拉机驾驶人注销其拖拉机驾驶证。

二、操作训练

利用驾驶员驾驶考试系统，进行科目一训练，并达到合格水平。

【任务巩固】

一、怎样看待《中华人民共和国农业机械化促进法》的实施意义？

(一)鼓励、扶持农民和农业生产经营组织使用先进适用的农业机械

党的十六届三中全会提出，要“加大国家对农业的支持保护，增加各级财政对农业和农村的投入。”对发展农业机械化采取必要的扶持措施，也是利用世界贸易组织的有关规则支持和保护农业的一个重要内容。国际上许多农业发达的国家在支持和保护农业的开始阶段，都将促进、扶持农业机械化发展纳入国家对农业支持和保护的政策和措施之中，通过立法和制定相应的支持政策，规范和促进本国农业机械化的发展。

在我国，农民和农业生产经营组织是从事农业生产的主体，也是投资购买农业机械的主力军。近年来，国家和地方各级人民政府先后制定了一系列促进农业机械化发展的扶持政策和措施，极大地调动了农民和农业生产经营组织购买、使用农业机械的积极性，农业机械化事业得到了很大发展，提高了农业综合生产能力，促进了农民增收、农村经济发展和农业结构调整。但是，由于这些政策和措施常常是一事一议，扶持渠道不稳定，计划性较差，广大农民和农业生产经营组织往往不能适时地得到扶持和帮助，许多农民迫切需要的农业机械不能及时购买和使用。目前我国广大农民的收入水平低，农民自我积累能力较弱，购买农业机械的资金不足，而农业机械的价格和使用成本都比较高，国家在政策和资金上给予适当的鼓励和扶持能够对农民和农业生产经营组织发展农业机械化起到较大的带动作用。同时，农业机械化还需要大量的资金对技术的创新、改造、基础性科研和发展农业机械作业进行投入。在提供资金扶持的同时，为农民开展农业机械作业提供政策支持和信息、协调服务，也能充分调动农民发展农业机械化的积极性。因此，本法在第一条明确规定农业机械化促进法的主要目的之一就是为了鼓励和扶持农民和农业生产经营组织使用先进适用的农业机械。为了实现这一立法目的，除了在各个章节的条文中始终坚持贯彻这一立法宗旨外，本法还专门规定了"扶持措施"一章，将有关促进农业机械化发展的财政、金融、税收、基础设施建设等优惠扶持措施加以明确规定。

(二)促进农业机械化，建设现代农业

农业机械是现代农业的重要物质基础，也是先进农业科学技术的重要载体，建设现代农业，必须发展农业机械化。在理论界，学者们对现代农业的内涵有多种论述，但有一点是共同的，现代农业的标志之一是广泛采用现代化的农业机械进行生产作业，具有较高的农业劳动生产率。

农业现代化是现代农业的重要标志，它是农业由传统的生产部门转变为现代产业的历史演进过程，也是一个不断进行科技创新和制度创新的动态过程。在这个过程中，要用现代工业提供的技术装备武装农业，用现代的生物科学技术改造农业，用现代市场经济观念和组织方式来管理农业，同时创造良好的生态环境，保持农业的持续发展，实现广大农民的共同富裕。而农业机械化是逐步运用先进适用的农业机械和技术装备农业，代替人力、畜力进行农业生产的技术改造，不断提高农业生产效率，减轻农业劳动者的劳动强度，提高农业生产技术水平的过程。

从农业机械化到农业现代化是一个递进的过程，也是一个不可逾越的过程。首先，农业机械化是现代农业的物质技术基础。农业机械是农业生产的重要工具，是农业生产力的重要要素，是先进生产力的代表。农业机械装备突破了人、畜力所不能承担的农业生产规模的限制，机械作业实现了人工所不能达到的现代科学农艺要求，改善了农业生产条件，提高了农业生产力水平，为农产品品质提高，形成专业化、商品化生产提供了可能。其次，农业机械化是农业现代化的重要内容。从一定意义上说，农业现代化是农时工业化过程，其中包含农业机械化过程。从多数发达国家推进农业机械化的内容和实现农业现代化的形式看，尽管各国选择了不同的发展模式和途径，但共同点是首先都要解决农业机械化问题，都是在实现农业机械化的基础上实现农业现代化的。最后，农业机械化是农业现代化的重要标志。衡量农业现代化水平的主要指标是农业劳动生产率，而农业机械化是提高农业劳动生产率主要手段，国际上通常把农业机械化水平和效益的高低作为农业现代化水平的主要标志。

近年来，随着农业机械装备总量的稳步增长、农业机械作业水平的逐步提高、农业机械工业体系的初步形成、农业机械社会化服务的初显成效以及农业机械化发展支持体系的逐步建立,我国农业机械化事业得到了快速发展。但是,目前仍存在许多问题,如农业机械化水平较低、结构不合理,农业机械产品质量差、技术含量低,农业机械使用成本高,农业机械市场不规范等,这些问题在一定程度上影响了我国农业机械化向更高层次的发展。法律作为上层建筑,是为经济基础服务、为促进社会生产力发展服务的。因此,制定农业机械化促进法最终就是为了促进我国农业机械化的发展,为了建设现代农业。这既是本法的立法目的,也是贯穿于整部法律的立法指导思想。根据这一指导思想,农业机械化促进法为保障和促进农业机械化发展、建设现代农业提供了有力的法律保障。

二、《生产安全事故报告和调查处理条例》与农机管理的有什么关系?

记　者:颁布施行《安全生产法》意义重大,农业系统如何抓好这部法律的学习贯彻工作?

齐景发:农业系统要把学习宣传贯彻《安全生产法》作为当前的一件大事来抓。第一,要采取多种形式,广泛学习宣传《安全生产法》,使《安全生产法》深入人心,增强全民的安全意识。第二,要结合学习贯彻《安全生产法》,抓紧研究制定和修改完善与《安全生产法》相配套的农业行业安全生产的法规、规章、办法、标准等。第三,要严格按照《安全生产法》的要求,依法加强农业安全生产各项工作。尽管当前全国农业安全生产形势总体上比较稳定,今年以来农业行业的事故发生率、人员伤亡和损失程度,特别是重特大事故有所下降。但是也要清醒地看到,由于农业系统包括的行业多,涉及面广,受自然因素影响大,从业人员的素质普遍偏低,这些特点决定了安全生产工作具有一定的特殊性。随着改革的深入和农业生产的发展,农业安全生产工作也面临着许多新情况、新问题,农业生产中还存在一些安全隐患,农业安全事故也时有发生。因此,对农业安全生产形势不能盲目乐观。我们必须按照《安全生产法》的规定和要求,进一步强化农业安全生产保障,提高农业从业人员的安全素质,加强农业安全生产的指导、监督和管理,真正把《安全生产法》的具体内容落到实处。

记　者:对抓好下一步农业安全生产工作,农业部有什么思路和措施?

齐景发:以《安全生产法》的正式施行为契机,认真贯彻落实党中央、国务院领导关于安全生产的一系列重要指示精神,坚持"安全第一,预防为主"的方针,立足防范,强化指导和监管,做到常抓不懈,抓紧抓实。按照这样的工作思路,今后一个阶段我们要重点抓好以下两个方面的工作。

首先,要加强安全生产的宣传教育工作,认真开展学习宣传和贯彻实施《安全生产法》活动。积极开展农业从业人员安全生产的教育培训和管理工作,切实提高从业人员的素质和安全管理水平,强化安全生产的各项技能。

其次,要针对重点行业和薄弱环节,研究制定有效的管理办法和预防措施,切实加大监督管理力度。当前的重点,一是要加强农机安全生产的监督管理,重点做好拖拉机、联合收割机、农用运输车的牌证发放管理,对无牌行驶和无证驾驶行为进行全面清理;二是加强渔业安全生产的监督管理;三是加强草原防火指挥体系的设施及人员队伍建设;四是加大对农药、兽药、饲料、饲料添加剂、畜禽产品、畜牧兽医器械和屠宰加工企业的安全生产指标的监测管理,严格生产许可证发放制度;五是加强对鲜食农产品中农药残留的监测工作;六是加强对直属垦区和各地农垦企业的安全生产管理。

项目 2

农业机械化

【项目描述】

农业机械化是运用先进适用的农业机械装备农业，改善农业生产经营条件，不断提高农业的生产技术水平和经济效益、生态效益的过程。

我国是从新中国成立后开始发展自己的农机化事业的，虽然取得了较大的发展，由于我国地域辽阔，经济发展不平衡，农机化水平差别较大，农机总动力与发达国家几乎相当，但农机具数量、质量、种类、性能等硬件指标与发达国家存在较大的差距。我国农业机械化发展的原则是：①因地制宜，分类指导。根据不同区域的自然禀赋、耕作制度和经济条件，采取相应的技术路线和政策措施，推进不同地区农业机械化发展，鼓励有条件的地方率先实现农业机械化。②重点突破，全面发展。以促进农机农艺结合、实现重大装备技术突破等为重点，加快实现粮食主产区、大宗农作物、关键生产环节机械化，加大协同攻关和工作力度，带动农业机械化全面协调发展。③鼓励创新，完善机制。创新农机服务形式，完善农机社会化服务机制，提高农机利用效率和效益。加快农机工业现代企业制度建设，以企业为核心，搭建科技创新平台，提高研发能力和制造水平。④市场引导，政府扶持。以市场需求为导向，引导社会资本、技术和人才等要素投入，继续加大对农机购置、使用和农机工业的财税、金融等扶持力度，调动企业研发生产和农民购机、用机积极性。

发展农业机械化是新形势下加强农业基础地位，增加农民收入，提高农业综合生产能力的必然要求。当前我国农业机械化发展有以下三个特点：一是初步形成了适应社会主义市场经济体制的，以农民为主体的多元化投入和多种所有制成分竞争并存的发展格局。二是初步形成了适应家庭承包经营制度的，以市场需求为导向和政府示范引导相结合的发展机制和社会化服务体系。三是初步形成了在农业结构调整和产业化经营中，机械化与信息化相结合，良种与良法相配套，农机与农艺相互适应的生产方式。

农业机械化是一个过程，其含义包括三个方面：一是对劳动者素质的改变，二是对农业生产工具的改变，三是对农业生产工艺的改变。

农业机械化是一个不断提高、不断完善的过程。广大农民和农业生产经营组织对农业机械化表现出了巨大的热情。目前，农业机械已经进入农业生产的各个领域，促使农业机械化作业水平不断提高，作业领域不断扩展。农机服务市场化、社会化程度也明显提高，农业机械化作业领域正由粮食作物向经济作物，由大田农业向设施农业，由种植业向畜牧业、养殖业、农产品产后处理，由产中向产前、产后延伸。农业机械化正向广度和深度拓展，我国农业正向大量采用机械化的现代生产方式转变，在许多地区机械化生产方式已在农业生产中居主导地位。农业机械化事业的发展，促进了农业劳动生产率提高、农村劳动力资源优化配置和农民收入的增加，促进了我国农业现代化的进程。

使用机械作业，一是加快作业进度，抢农时完成收获，而且收割质量有保证；二是剩余的时间，还可以去从事其他劳动，增加收入；三是大大地减轻了劳动强度。农业机械化提高农业劳动生产率，使得劳动力得到进一步解放，农村富余劳动力大量转移，为劳动力资源的开发创造了条件。农村土地家庭承包经营制度，使农户成为农业生产、经营、投资的主体。随着社会主义市场经济的发展，比较利益原则在农业机械化发展中的作用也得到体现。农村非农产业的发展和农民逐渐进城务工经商，农业劳动力机会成本增大，使用农业机械进行生产作业成为经济的选择，农民发展农业机械化是一种完全自觉的行为。

有些人认为，提倡农业机械化建设和发展太低端，研究探讨应该再高大上一些，向农业机械电气化、信息化、智能化等前沿科技靠拢。

农业机械化本身是一个专属名词，先进适用的范围涵盖了电气化、信息化、智能化范畴。我国是农业机械应用大国，不是农业机械设计制造强国，在国家粮食生产安全的大背景下，农业机械的设计研发成了许多机电类科研人员研究对象。一些科研人员缺少农业机械领域的知识常识，学术研发中，背景技术、现状发展等论述，经常引用过时的理念和概念，尤其是涉及农业机械分类、法律、部门规章、地方规定等。对于跨专业的科研学术，应当引入社会审查反馈制度，对学术建设提出质疑及合理意见的应给予适当奖励，而非专家“一言堂”。

任务 1　农业机械化重点推广技术

【任务目标】

1. 认知重点推广的农业机械化技术内容。
2. 掌握本地正在应用的农机化技术。

【任务准备】

目前正在大力推广的 10 项农业机械化重点技术介绍如下。

一、水稻生产全程机械化技术

水稻机械化生产技术，针对不同自然环境和生产条件下的水稻种植制度，推广水田耕整机械化技术、水稻规范化育秧及机插秧技术、水稻联合收割机械化技术、产地烘干与加工机械化技术。

水稻耕整地机械化技术，使用水田耕整机、水田驱动耙、旋耕机、机耕船以及南方水田铧式系列犁、圆盘犁等水田耕整地机械化技术，保证水田碎土效果及耕后平整，省工省成本。

水稻节本增效机械化，采用水田化肥深施机械、植保机具及节水、节能的排灌等机械化技术，秸秆还田和田间运输机械化技术。选种、种子处理机械化技术，根据地域的特点，大都是选择优质高产的品种，并按常规的种子处理工艺进行晒种、脱芒、选种、消毒、浸种、催芽、脱水和磁化处理。通过对种子的磁化处理，来提高种子的发芽率和幼苗素质，增强种子发芽势，使水稻根系发达，活力提高。

水稻旱育稀植技术：是一项将旱育秧和合理稀植相结合的水稻高产栽培技术。该技术在引进吸收日本的寒地旱育稀植技术的基础上，根据各地不同的生态环境、生产条件和技术水平，进行了改进和完善，形成了各具特色的旱育稀植技术体系。旱育秧是在接近旱地条件下培育水稻秧苗。旱地土壤中氧气充足，水热气肥容易协调，有利于培育壮秧。利用壮秧优势在本田里可适当降低栽插密度，多利用分蘖成穗，加上科学的肥水调控方法，实现穗大粒多，稳产高产。

水稻机械化育秧技术：是在育秧过程中使用机械电加温和自动控制等手段，将种、土、肥、水、温度、湿度等条件置于人工控制之下的一种技术。采用该技术育出的秧苗均匀，整齐、规格统一，便于机插，成活率90％以上，且移栽后返青快，分蘖早，产量高。主要有带土育秧机械化技术、工厂化育秧、工厂化无土肥水育秧技术。它们的原理基本一致，要经过床土准备、调制、调酸、种子处理、播种、加温、控温和催芽、炼苗等阶段，成本较大。而在此原理下发展起来的田间双膜规格化育秧技术培育出来的秧苗也达到了壮秧机插的目的，其操作方式和育秧方法与大田育秧相似，不同之处是在秧田先铺上打了孔的薄膜，然后铺床土和播种，它的成本大大低于工厂化育秧，易被掌握，适合推广。

水稻机械化插秧技术：是使用插秧机把适龄的秧苗按农艺要求和规范移插到大田的技术。水稻插秧机按动力可分为人力插秧机和动力插秧机。机动插秧机有人拉机动式、手扶自走式、乘坐自走式、拖拉机悬挂式、机耕船或手拖引式等。

二、保护性耕作技术

保护性耕作技术（主要包括四项技术内容）是对农田实行免耕、少耕，尽可能减少土壤耕作，并用作物秸秆、残茬覆盖地表，减少土壤风蚀、水蚀，提高土壤肥力和抗旱能力的一项先进农业耕作技术。目前主要应用于干旱、半干旱地区农作物生产及牧草的种植。保护性耕作技术在北方旱作地区，大力推广以农作物秸秆残茬覆盖、免耕播种、深松、杂草及病虫害控制技术为主的保护性耕作技术及配套机具装备。积极探索适宜于不同地区的技术路线及主推机具产品，创新保护性耕作技术推广机制，逐步建立和完善保护性耕作发展的长效机制。

一是改革铧式犁翻耕土壤的传统耕作方式，实行免耕或少耕。免耕就是除播种之外不进行任何耕作。少耕包括深松与表土耕作，深松即疏松深层土壤，基本上不破坏土壤结构和地面植被，可提高天然降雨入渗率，增加土壤含水量。二是将30％以上的作物秸秆、残茬覆盖地表，在培肥地力的同时用秸秆盖上，根茬固土，保护土壤，减少风蚀、水蚀和水分无效蒸发，提高天然降雨利用率。三是采用免耕播种，在有残茬覆盖的地表实现开沟、播种、施肥、施药、覆土镇压复式作业，简化工序，减少机械进地次数，降低成本。四是改翻耕控制杂草为喷洒除草剂或机械表土作业控制杂草。

(一)秸秆还田技术应用

(1)玉米秸秆粉碎还田覆盖。适合玉米产量较高的地区,如秸秆量过大或地表不平时,粉碎还田后可以用圆盘耙进行表土作业;春季地温太低时,可采用浅松作业。还田方式可采用联合收割机自带粉碎装置和秸秆粉碎机作业两种。玉米秸秆粉碎还田机具作业要求以达到免耕播种作业要求为准。

(2)小麦秸秆粉碎还田覆盖。适合用联合收割机收获,土地又比较肥沃、疏松的地区。地表不平或杂草较多时可用浅松作业,秸秆太长时可用粉碎机或旋耕机浅旋作业。还田方式可采用联合收割机自带粉碎装置和秸秆粉碎机作业两种。小麦秸秆粉碎还田机具作业要求以达到免耕播种作业要求为准。

(3)玉米整秆还田覆盖。适合冬季风大的地区。人工收获玉米后对秸秆不做处理,秸秆直立在地里,以免秸秆被风吹走。播种时将秸秆按播种机行走方向撞倒,或用人工踩倒。

(4)小麦整秆还田覆盖。适合机械化水平低,用割晒机或人工收获的地区。麦秆运出脱粒,土地进行深松,再覆盖脱粒后的整秸秆。

(5)留茬覆盖。在风蚀严重及以防治风蚀为主、且农作物秸秆需要综合利用的地区,实施保护性耕作技术可采用机械收获时"留高茬+免耕播种"作业、"机械收获时留高茬+粉碎浅旋播种"复式作业两种处理方法。留高茬即是在农作物成熟后,用联合收获机或割晒机收割作物籽穗和秸秆,割茬高度控制在玉米至少 20 cm,小麦至少 15 cm,残茬留在地表不做处理,播种时用免耕播种机进行作业。

(二)免耕、少耕播种技术

免耕播种:用免耕播种机一次完成破茬开沟、施肥、播种、覆土和镇压作业。

少耕播种:经必要的地表作业(耙地、浅松)进行播种。

(1)玉米免耕播种技术。播种量:春玉米一般亩播种量为 1.5～2 kg;夏玉米一般亩播种量 1.5～2.5 kg;半精密播种单双籽率≥90%;播种深度:一般控制在 3～5 cm,沙土和干旱地区播种深度应适当增加 1～2 cm;施肥深度:一般为 8～10 cm(种肥分施),即在种子下方 4～5 cm。

(2)小麦免耕播种作业。播种量:冬小麦亩播种量应视具体情况来定,一般水浇地 3～10 kg、旱地 12～15 kg;春小麦一般亩播种量为 18～20 kg;播种深度:播种深度一般在 2～4 cm,落籽均匀,覆盖严密,选择优良品种,并对种子进行精选处理。要求种子的净度不低于 98%,纯度不低于 97%,发芽率达 95%以上。播前应适时对所用种子进行药剂拌种或浸种处理。

(三)杂草、病虫害控制和防治技术

防治病虫草害是保护性耕作技术的重要环节之一。为了使覆盖田块农作物生长过程中免受病虫草害的影响,保证农作物正常生长,目前主要用化学药品防止病虫草害的发生,也可结合浅松和耙地等作业进行机械除草。

(1)病虫草害防治的要求。为了能充分发挥化学药品的有效作用并尽量防止可能产生的危害,必须做到使用高效、低毒、低残留化学药品,使用先进可靠的施药机具,采用安全合理的施药方法。

(2)化学除草剂的选择和使用。除草剂的剂型主要有乳剂、颗粒剂和微粒剂,施用化学除草剂的时间可在播种前或播后出苗前，也可在出苗后作物生长的初期和后期。除草剂在播前或出苗前施入土壤中，早期控制杂草。播前施用除草剂通常是将除草剂混入土中，施除草剂和松土混合可联合作业。也可在施药后用松土部件进行松土配合。播后出苗前施除草剂，一般是和播种作业结合进行，施除草剂的装置位于播种机之后，将除草剂施于土壤表面。作物出苗后在它的生长过程中可将除草剂喷洒在杂草上，苗期的杂草也可以结合间苗，人工拔除。

(3)病虫害的防治。主要是依靠化学药品防治病、虫、鸟、兽和霜冻对植物的危害。一是对作业田块病虫害情况做好预测；二是对种子要进行包衣或拌药处理；三是根据苗期作物生长情况进行药物喷洒。施药量的计算公式：

$$\text{施药量}(\text{mL/hm}^2)=\frac{\text{流量器流率}(\text{mL/s})}{\text{步行速度}(\text{m/s})}\times\text{有效喷幅}(\text{m})\times 10\,000$$

施药的技术要求：①根据以往地块杂草病虫的情况合理配方，适时打药；②药剂搅拌均匀，漏喷、重喷率≤5%；③作业前注意天气变化，注意风向；④及时检查，防止喷头、管道堵漏。植保机具的选用应结合农村实际，以小型为主，可选用喷雾、喷粉机具和超低量喷雾机具。

(四)深松技术

深松的主要作用是疏松土壤，打破犁底层，增强降水入渗速度和数量；作业后耕层土壤不乱，动土量小，减少了由于翻耕后裸露的土壤水分蒸发损失。深松方式可选用局部深松或全面深松。

(1)局部深松。选用单柱式深松机，根据不同作物、不同土壤条件进行相应的深松作业。适耕条件为土壤含水量在15%～22%；作业要求，宽行作物(玉米)深松间隔为40～80 cm，最好与当地玉米种植行距相同；深松深度为23～30 cm；深松时间为播前或苗期进行，苗期作业应尽早进行，玉米不应晚于5叶期。密植作物(小麦)也可以局部深松，但为了保证密植作物株深均匀，应在松后进行耙地等表土作业，或采用带翼深松机进行下层间隔深松，表层全面深松。密植作物(小麦)深松间隔为40～60 cm；深松深度为23～30 cm；深松时间为播前进行。配套措施条件适宜地区在作业中应加施底肥，天气过于干旱时，可进行造墒。作业根据土壤条件和机具进地密度，一般2～4年深松一次。机具要求一般为凿形铲式，密植作物地区可采用带翼形铲的深松机。

(2)全面深松。选用倒V型全方位深松机根据不同的作物、不同土壤条件进行相应的深松作业。适耕条件，土壤含水量在15%～22%；作业要求，深松深度35～50 cm；深松时间，在播前秸秆处理后作业。作业中松深一致，并不得有重复或漏松现象。配套措施，天气过于干旱时，可进行造墒。作业周期应根据土壤条件和机具进地强度，一般2～4年深松一次。

三、玉米机械化生产技术

结合玉米主产区的不同品种、种植制度、自然环境和生产条件，推广玉米免耕深施肥精量播种机械化技术、玉米机械化收获技术与设备。在大力推广悬挂式玉米收获机的同时，搞好自走式玉米收获机的试验、示范推广工作，积极推进玉米机收跨区作业。不断完善我国玉米生产从播种到收获各环节配套技术及装备的集成应用，逐步实现玉米机械化生产的规范化和标准化。

(一)品种选择

东北与西北地区的春玉米为一年一熟制，秋季降温快，其中东北春玉米以雨养为主，西北地区光热资源丰富，干旱少雨，以灌溉为主。宜选择耐苗期低温、抗干旱、抗倒伏、熟期适宜、籽粒灌浆后期脱水快的中早熟耐密植玉米品种。黄淮海地区和西北地区一年两熟区主要以小麦、玉米轮作为主，考虑到为下茬冬小麦留足生育期，宜选择生育期较短、苞叶松散、抗虫、高抗倒伏的耐密植玉米品种。西南及南方玉米区以丘陵、山地为主，种植方式复杂多样，种植制度有一年一熟和一年多熟，间套作复种是玉米种植的主要特点，可根据不同地域的特点选择相应的多抗、高产玉米品种。

(二)种子处理

精量播种地区必须选用高质量的种子并进行精选处理，要求处理后的种子纯度达到96%以上，净度达98%以上，发芽率达95%以上。有条件的地区可进行等离子体或磁化处理。播种前应针对当地各种病虫害实际发生的程度，选择相应防治药剂进行拌种或包衣处理。特别是玉米丝黑穗病、苗枯病等土传病害和地下害虫严重发生的地区，必须在播种前做好病虫害预防处理。

(三)播前整地

东北、西北地区提倡前茬秋收后，土壤冻结前做好播前准备，包括深松、灭茬、旋耕、耙地、施基肥等作业，有条件的地区应采用多功能联合作业机具进行作业，大力提倡和推广保护性耕作技术。深松作业的深度以打破犁底层为原则，一般为30～40 cm。深松作业时间应根据当地降雨时空分布特点选择，以便更多地纳蓄自然降水，建议每隔2～4年进行一次。当地表紧实或明草较旺时，可利用圆盘耙、旋耕机等机具实施浅耙或浅旋，表土处理不超过8 cm。实施保护性耕作的区域，应按照保护性耕作技术要点和操作规程进行作业。

(四)适时播种是保证出苗整齐度的重要措施

当地温为8～12℃，土壤含水量为14%左右时，即可进行播种。合理的种植密度是提高单位面积产量的主要因素之一，各地应按照当地的玉米品种特性，选定合适的播量，保证亩株数符合农艺要求。应尽量采用机械化精量播种技术，作业要求是单粒率≥85%，空穴率＜5%，伤种率≤1.5%；播深或覆土深度一般为4～5 cm，误差≤1 cm；株距合格率≥80%；种肥应施在种子下方或侧下方，与种子相隔5 cm以上，且肥条均匀连续；苗带直线性好，种子左右偏差≤4 cm，以便于田间管理。东北地区垄作种植行距采用60 cm或65 cm等行距，并逐步向60 cm等行距平作种植方式发展。

(五)中耕施肥

根据测土配方施肥技术成果，按各地目标产量、施肥方式及追肥用量，在玉米拔节或小喇叭口期，采用高地隙中耕施肥机具或轻小型田间管理机械，进行中耕追肥机械化作业，一次完成开沟、施肥、培土、镇压等工序。追肥机各排肥口施肥量应调整一致。追肥机具应具有良好的行间通过性能，追肥作业应无明显伤根，伤苗率＜3%，追肥深度6～10 cm，追肥部位在植株行侧 10～20 cm，肥带宽度>3 cm，无明显断条，施肥后覆土严密。

（六）植保

根据当地玉米病虫草害的发生规律，按植保要求采取综合防治措施，合理选用药剂及用量，按照机械化高效植保技术操作规程进行防治作业。苗前喷施除草剂应在土壤湿度较大时进行，均匀喷洒，在地表形成一层药膜；苗后喷施除草剂在玉米 3～5 叶期进行，要求在行间近地面喷施，以减少药剂漂移。玉米生育中后期喷药防治病虫害时，应采用高地隙喷药机械进行机械化植保作业，有条件的地方要积极推广农业航化作业技术，要提高喷施药剂的精准性和利用率，严防人畜中毒、作物药害和农产品农药残留超标。有条件的地区，应采用滴灌、喷灌等先进的节水灌溉技术和装备，按玉米需水要求进行节水灌溉。

（七）各地应根据玉米成熟度适时进行收获作业

根据地块大小和种植行距及作业要求选择合适的联合收获机、青贮饲料收获机型。玉米收获机行距应与玉米种植行距相适应，行距偏差不宜超过 5 cm。使用机械化收获的玉米，植株倒伏率应<5%，否则会影响作业效率，加大收获损失。作业质量要求：玉米果穗收获，籽粒损失率≤2%，果穗损失率≤3%，籽粒破碎率≤1%，果穗含杂率≤5%，苞叶未剥净率<15%；玉米脱粒联合收获，玉米籽粒含水率≤23%；玉米青贮收获，秸秆含水量≥65%，秸秆切碎长度≤3 cm，切碎合格率≥85%，割茬高度≤15 cm，收割损失率≤5%。玉米秸秆还田按《秸秆还田机械化技术》要求执行。

四、薯类生产机械化技术

针对薯类作物生产条件及特点，重点推广适宜的薯类种植、收获机械化技术与配套作业机械。

（一）品种选择

我国马铃薯种植大致分为四个区域：北方一季作区、中原二季作区、南方冬作区、西南一二季混作区。北方一季作区为一年一熟制，是马铃薯的主要产区，面积和产量均占全国的 50%以上。气候凉爽、日照充足、昼夜温差较大，适宜马铃薯生产；但降雨量不均，主要以雨养为主，有灌溉条件的可发展规模种植；宜选择抗干旱、熟期适宜的中晚熟马铃薯品种，根据市场需求适当搭配早熟品种。中原二季作区无霜期较长，栽培马铃薯分春秋二季，面积约占全国的 5%，宜选择早熟品种。南方冬作区面积占全国的 8%，属海洋性气候，夏长冬暖，四季不分明，日照短，宜选短日型或对光照不敏感的品种。西南一二季混作区面积占全国的 37%，马铃薯生育期较长，因立体气候明显，种植品种多种多样。

（二）种薯处理

播种前，应针对当地各种病虫害实际发生的程度，选择相应防治药剂进行拌种处理。在切割薯块时，切刀需用药液处理。为适应机械化作业，防止种薯块间黏结，需用草木灰或生石灰等拌种。

（三）播前整地

北方一季作区和中原二季作区提倡前茬秋收后、土壤冻结前做好播前准备，包括深松、灭茬、旋耕、耙地、施基肥等作业，有条件的地区应采用多功能联合作业机具进行作业。大力提倡和推广保护性耕作技术。深松作业的深度以打破犁底层为原则，一般为 30～40 cm。深松作业时间应根据当地降雨时空分布特点选择，以便更多地纳蓄自然降水，建议每隔 2～4 年进行一次。秸秆还田时，秸秆长度一般不宜超过 10 cm。当地表紧实或明草较旺时，可利用圆盘耙、旋耕机等机具实施浅耙或浅旋，表土处理不超过 8 cm。南方冬作区因稻田地势低洼，土壤黏度大，应采取机械下管和机械筑埂等排灌措施。西南一二季混作区在播前可进行机械旋耕作业，丘陵山地可采用小型微耕机具作业，平坝地区和缓坡耕地可采用中小型机具作业。对于黏重土壤，可根据需要实施深松作业，提高土壤的通透性。

(四)播种

适时播种是保证出苗整齐度的重要措施。当地下 10 cm 处地温稳定在 8～12℃时，即可进行播种。合理的种植密度是提高单位面积产量的主要因素之一。各地应按照当地的马铃薯品种特性，选定合适的播量，保证亩株数符合农艺要求。应尽量采用机械化精量播种技术，一次完成开沟、施肥、播种、覆土(镇压)等多项作业，在不同区域可选装覆膜、铺滴灌管和施药装置。作业要求应符合有关标准。种肥应施在种子下方或侧下方，与种子相隔 5 cm 以上，肥条均匀连续。苗带直线性好，便于田间管理。

目前，北方一季作区、中原二季作区垄作种植行距大多采用 40、50、70、75、80 或 90 cm 等行距，建议逐步向 60、70、80 和 90 cm 行距种植方式发展。西南一二季混作区应通过农田的修整、地块合并等措施，为机械化作业提供基础条件。南方冬作区应推广适合机械化作业的高效栽培模式，促进机械化发展。

(五)田间管理

中耕施肥在马铃薯出苗期中耕培土和花期施肥培土，应根据不同地区采用高地隙中耕施肥培土机具或轻小型田间管理机械，田间黏重土壤可采用动力式中耕培土机进行中耕追肥机械化作业。在沙性土壤垄作进行中耕培土施肥，可一次完成开沟、施肥、培土、拢形等工序。追肥机各排肥口施肥量应调整一致，依据种子施肥指导意见，结合各地目标产量确定合理用肥量。追肥机具应具有良好的行间通过性能，追肥作业应无明显伤根，伤苗率＜3%，追肥深度 6～10 cm，追肥部位在植株行侧 10～20 cm，肥带宽度＞3 cm，无明显断条，施肥后覆盖严密。

(六)病虫草害防控

根据当地马铃薯病虫草害的发生规律，按植保要求选用药剂及用量，按照机械化高效植保技术操作规程进行防治作业。苗前喷施除草剂应在土壤湿度较大时进行，均匀喷洒，在地表形成一层药膜。苗后喷施除草剂在马铃薯 3～5 叶期进行，要求在行间近地面喷施，并在喷头处加防护罩以减少药剂飘移。马铃薯生育中后期病虫害防治，应采用高地隙喷药机械进行作业，要提高喷施药剂的对靶性和利用率，严防人畜中毒、生态污染和农产品农药残留超标。适时中耕培土，可减少田间杂草。节水灌溉有条件的地区，可采用喷灌、膜下滴灌、垄作沟灌等高效节水灌溉技术和装备，按马铃薯需水、需肥规律，适时灌溉施肥，提倡应用一体化技术。

(七)根据地块大小和马铃薯品种

选择合适的打秧机和收获机。马铃薯收获机的选型应适合当地土壤类型、黏重程度和作业要求。在丘陵山区宜采用小型振动式马铃薯收获机，可防堵塞并降低石块导致的机械故障率，减小机组作业转弯半径。各地应根据马铃薯成熟度适时进行收获，机械化收获马铃薯应先除去茎叶和杂草，尽可能实现秸秆还田，提高作业效率，培肥地力。作业质量要求：马铃薯挖掘收获明薯率≥98%，埋薯率≤2%，损伤率≤1.5%。马铃薯打秧机应采用横轴立刀式，茎叶杂草去除率≥80%，切碎长度≤15 cm，割茬高度≤15 cm。

五、油菜、花生、茶叶等经济作物机械化生产技术

在相应作物主产区，因地制宜推广应用油菜机械化育苗移栽、直播与收获技术、花生机械化播种与挖掘技术、茶叶机械化采摘和初加工技术、大豆机械化播种与收获技术、甘蔗机械化中耕培土与收割技术、柑橘和苹果机械化采摘、商品化产后处理与深加工等关键环节机械化技术。

(一)品种选择

各地应在适合当地生态条件、种植制度、综合性状优良的主推品种中选择具有抗倒伏、抗裂角、抗病、株型紧凑等适合机械化作业特性相对较好的油菜品种。对于直播油菜，尽可能选择耐迟播，春天早发能力强的品种。三熟制地区应选择生育期较短的油菜品种。

(二)种子处理

精量播种地区，必须选用高质量的种子并进行精选处理，要求种子水分不高于9%，纯度不低于95%(杂种一代90%左右)，净度不低于97%，发芽率90%以上。播种前，应晒种4～6 h，提高发芽率，然后针对当地各种病虫害可能发生的程度，选择相应防治药剂进行拌种或包衣处理，及时灭杀种子表面的病菌，提高播种后的抗病虫害能力。

(三)播前整地

前茬作物收获后，用秸秆粉碎还田机将秸秆粉碎再旋耕灭茬还田，也可使用具有相同功能的复式机具作业，田块表面应无过量的残茬。少免耕直播油菜要求前茬作物的留茬高度为水稻≤20 cm，玉米≤30 cm。开沟机作厢宽度应与播种、收获机械作业宽度相对应，厢沟、腰沟、边沟配套，沟深15～20 cm，沟上口宽≥25 cm，沟底宽≥15 cm。必须指出，开沟深度、宽度各地应根据当地土壤类型、气候条件、作业习惯在此基础上适当调整。在有灌排条件地方，要根据土壤墒情适时排灌，以保证顺利播种。在播种前，应根据当地农艺要求及土壤肥力，合理计算肥料的施用量。基肥施用量为总施肥量的50%。硼肥、氮肥、钾肥应根据当地土壤特性及肥力条件进行配施。一般氮磷钾复合肥300～600 kg/hm^2 或缓释肥450 kg/hm^2，硼砂7.5～11.25 kg/hm^2，并符合NY/T 790的规定。在采取种肥混播复式作业机具施用基肥时，应选用不易吸水的颗粒肥料，以防止化肥在肥箱中结块堵塞。

(四)机械直播

播种期一般在9月下旬至10月上、中旬，提倡早播。播种行距25～30 cm，播种量3～4.5 kg/hm^2，播种深度5～25 mm，油菜出苗株数应不少于37.5万株/hm^2。播种期推迟时应适当加大播种量。在播种机具选择上，应根据土壤墒情、前茬作物品种以及当地播种机使用情况，选择具有一次完成浅耕灭茬、开沟作畦、播种、施肥等多种工序联合直播机，或少、免耕直播精量油菜播种机等。按照机具使用说明书要求进行作业。播种作业质

量应尽量符合指标要求：漏播率≤2%；各行播量一致性变异系数≤7%；行距一致性变异系数≤5%。

(五)机械移栽

育苗移栽是长江流域抢农时获高产的一项重要技术。钳夹式移栽机适用前茬为旱作的油菜移栽，稻后移栽需要精细整地才能达到较好移栽效果。一般在育苗播种25～35天后进行机械移栽。长江中上游移栽期为11月上旬以前，长江下游移栽期为11月下旬以前。移栽密度一般不少于12万株/hm^2、行距30～40 cm，移栽时土壤湿度应不大于30%。油菜裸苗移栽时，苗高在20～25 cm，叶龄在4～5叶1心。采用钵苗移栽方式，制钵机制取营养钵时，需按要求先配置好营养土。钵苗移栽时，钵体直径小于2.5 cm或边长小于2.5 cm×2.5 cm，苗茎直径小于2.5 mm，苗高15～20 cm，叶龄在3～4叶1心。在移栽机具选择上，应根据秧苗情况选择导苗管式移栽机移栽钵苗，钳夹式或链夹式移栽机移栽裸苗。此外，还应结合当地田块面积、土壤墒情、前茬作物品种等，选择2行移栽机、4行移栽机、6行移栽机，或选择能完成开沟、栽苗、浇水、施肥、覆土等复式作业的机具。

(六)施肥

根据各地土壤情况及油菜幼苗的长势，合理追肥，保证油菜苗数。直播油菜一般在间苗后施苗肥，定苗后施第二次追肥。移栽油菜第一次追肥在幼苗成活时施，第二次在植株长成3～5片新叶时施。

(七)植保

芽前除草：油菜田除草应注重播前及播后各时期的操作环节，即播(移栽)前杀灭前期老草，这是油菜田除草的基础。播种(移栽)后1～2天杂草出土前，使用相应的除草剂封闭土壤，有利于药膜的展开，阻止杂草种子的萌发。

苗期除草：苗后喷施除草剂在油菜4～5叶期进行，选用选择性除草剂防除油菜中的单、双子叶杂草。油菜生育中后期病虫害防治，应根据“病虫情报”选用对口药剂，及时安全用药。苗期主要防治蚜虫，薹花期主要防治菌核病，在油菜初花期主要防治菌核病、霜毒病。在植保机具选择上，可采用机动喷雾喷粉机、背负式喷雾喷粉机、手动喷雾器等机具进行机械化植保作业，机械化植保作业应符合喷雾机(器)作业质量、喷雾器安全施药技术规范等方面的要求。

(八)收获方式与机具选择

油菜收获分为联合收获和分段收获两种方式。各地应根据油菜种植方式、气候条件、种植规模、田块大小等因素因地制宜选择适宜的收获方式。联合收获对于直播油菜或株型适中的移栽油菜，在适宜的收获时机可以获得较好的收获效果。分段收获对于移栽油菜特别是植株高大、高产的移栽油菜能够获得稳定的低损失的收获效果。收获期多雨或有极端天气的地区，采用联合收获存在气候风险，采用分段收获安全性高。小规模、小田块直播或移栽油菜，采用联合收获更显便捷的优势，可优先选择。南方越冬油菜因田间开有纵、横向排水降渍沟不便于小型轮式机作业，因此应选择适宜田块大小和种植规模的履带式联合收割机或割晒机、捡拾收获机。新购置油菜联合收割机或捡拾收获机应选择具有茎秆粉碎装置的，便于茎秆粉碎还田。联合收割机作业前，需对割台主割刀位置、拨禾轮位置和转速、脱粒滚筒转速、清选风量、清选筛等部件和部位适当调整。

采用联合收获方式时，应在全田90%以上油菜角果外观颜色全部变黄色或褐色，完熟度基本一致的条件下进行。采用分段收获方式时，应在全田油菜70%～80%角果外观颜色呈黄绿色或淡黄色，种皮也由绿色转为红褐色，采用割晒机或人工进行割晒作业。将割倒的油菜就地晾晒后熟5～7天(根据天气，晾晒时间可以再延长)，成熟度达到95%后，用捡拾收获机进行捡拾、脱粒及清选作业。联合收割作业质量应符合总损失率≤8%、含杂率≤6%的要求，割茬高度应根据农户要求在10～30 cm。分段收获作业质量应符合总损失率≤6.5%、含杂率≤5%、破碎率≤0.5%等要求。

(九)收后菜籽处理与保存

联合收获后的油菜籽含水率高，极易发生霉变，应采用烘干机及时烘干，没有条件的地区应及时晾晒，以防霉变。分段收获的菜籽含水率普遍比联合收获的低，对于田间晾晒充分菜籽含水率低于10%的，可以不再烘干和晾晒，否则应及时烘干或晾晒。含水率在10%以下的菜籽，可堆2 m高存放到高温多雨季节来临前，存放期1个月左右；水分含量在10%～13%，矮堆或包装存放，只能保存1～3周。若长期存放，应将含水率降至8%以下。

六、草原建设与牧草生产机械化技术

针对部分草原生态恶化的状况，重点推广少免耕补播、飞播和深松、切根、打孔及牧草收获、打捆、块粒状加工、青贮和草籽加工技术及机具设备，结合牧区自然和生产条件，示范推广轮牧围栏自动化控制技术与配套机具设备。

七、机械化旱作节水技术

以提高灌溉水和自然降水利用率为目标，在具有一定灌溉条件的平原区，重点推广微喷、渗灌、滴灌等节水灌溉技术；在水源缺乏的旱作区及丘陵区，重点推广深松覆盖、水平沟播、旋耕播种复式作业等机械化旱作技术及适用机具；在适宜地区推广应用行走式灌溉播种技术和坐水种技术。

机械化旱作节水农业技术主要包括保护性耕作技术、深耕、深松以及行走式节水灌溉技术等。保护性耕作机械化技术是指以保护农田表面土壤为目的，采用机械化耕作手段，提高土壤的蓄水保墒能力，防止水土流失的一种机械化作业方式。它包括免耕覆盖播种机械化技术、沟垄种植、水平等高耕作、等高沟垄耕作、蓄水聚肥改土耕作法等。其效果一是可以减小因耕翻次数多而造成的对土壤表面覆盖的破坏，提高土壤抗风蚀、水蚀的能力；二是可以通过农田改造，提高土壤的蓄水保墒能力，减少土壤流失。

免耕覆盖播种机械化技术包括免耕、覆盖、深施化肥和精密播种四个主要环节，还可将破茬开沟、分草防堵、播后覆土、镇压等作业一并完成。这项技术由免耕覆盖种植技术、机械使用技术以及相应配套管理技术综合组成，包括了小麦的收获、秸秆和残茬处理、未耕地上的破茬开沟、深施化肥、种子处理、精密播种、灌水浇地、化学除草和病虫草害防治一整套的技术内容。

深耕翻技术采用深耕机械作业，加深耕层，疏松土壤，增强土壤对降水吸收速度和蓄纳能力，避免产生地表径流。同时深耕可以有效打破犁底层，熟化土壤，促进作物根系的生长发育。深松耕技术可以有效避免深耕翻所造成的土壤水分的大量损失，不破坏土层表面的覆盖物，从而提高土壤蓄水能力以及抗风蚀和雨水冲刷的能力。沟垄种植法将作物种植在沟底，相当于抗旱深种，同时垄沟可大量蓄水，防止或减少地表径流。水平等高耕作是在坡地上沿水平线进行等高线作业，与顺坡作业相比可有效拦截地表径流，增加雨水入渗速度。等高沟垄耕作是在水平等高耕作的基础上进行的一种耕作措施，在坡面上沿等高线开犁，形成沟垄种植，增加受雨面积，减少单位面积雨水打击强度，有效防止地表径流和水土流失。蓄水聚肥改土耕作法是将有机肥和用作底肥的化肥均匀地撒到地面，然后进行耕作，坡地从低处沿等高线向高处修筑，通常使用丰产沟犁，将开沟、起垄、熟土回填和耙耱镇压成形等工序一次完成。

机械深耕翻、深耕松广泛用于我国旱田作物的耕作。沟垄种植、水平等高耕作、等高沟垄种植和蓄水聚肥改土耕作广泛用于我国西北黄土高原区和坡地丘陵区的农业生产。行走式节水灌溉技术主要以播种灌水机和悬挂式卷管灌溉机为代表的节水灌溉技术，对解决全国旱地灌溉有重大意义。

(一)操作规程

免耕覆盖播种机械化技术，目前常用的是夏玉米免耕覆盖技术。破茬开沟深度不小于 12 cm，同步深施的化肥与播种的种子之间隔离层＞4 cm，所开的种肥沟以能使覆盖的秸秆分向沟两侧并不遮盖种沟为准，播种深度控制在 4～5 cm。

深耕翻作业，作业深度根据不同地区土壤情况不同有所变化。深耕作业可每隔 2～3 年进行一次，深度一般在 25～30 cm。

垄沟种植法，在水肥条件好的地块，垄距为 90～100 cm；水肥条件较差的地区，垄距为 80 cm。玉米每亩播量一般控制在 2～4 kg，留苗 2 500～3 000 株。采用水平等高耕作，耕作深度为 25 cm，应进行分期深耕。在进行蓄水聚肥改土耕作时，沟宽 46 cm，沟深 40～50 cm，垄底宽 34 cm，顶宽 18 cm，梯形垄高出地表 15～18 cm。

(二)注意事项

深耕翻作业要及时，应在作物收获后立即进行，深耕应结合耙耱，并增施有机肥，同时注意喷洒除草(虫)剂，减少病虫草害。在进行蓄水聚肥改土耕作时，要选择坡度在 5°以下的旱干坪地和秋后未耕翻的地块。作业前，先将底肥均匀地撒到田里，把肥土拌匀，集于种植沟内。耕作时间一般在夏秋季进行，耕作周期为 3 年。在进行免耕覆盖播种时，应注意小麦种植畦式要同玉米免耕覆盖播种要求的作业幅宽相匹配，最好是 4.2 cm 畦，并做到畦面平整；小麦品种宜选用矮秆抗倒伏品种。小麦收获前 3～7 天浇水。对小麦生长期内的黏虫要防治彻底，春天要适时喷洒除草剂抑制或消灭杂草。播前对种子进行处理。处理好麦秸和茬子，做到均匀覆盖地表。施肥的品种要选用有效成分含量高、不易挥发、流动性好的化肥，并做到玉米生长期需要补充的化肥总量约 70％的肥量随播种一次性施于土壤中。适时适量喷洒化肥除草剂、杀虫农药，并浇灌水。重视玉米生产期间适时追肥及选择追肥肥种。

八、农作物秸秆综合利用加工技术

根据秸秆饲用、气化、发电等市场需求，推广秸秆机械化收获、青贮、揉丝、捡拾打捆、饲草颗粒及块状加工等新技术及配套机械设备。

(一)秸秆收集处理体系

为解决茬口紧的多熟农区秸秆收集、处理困难等问题，应加快建立秸秆收集和物流体系，推广农作物联合收获、粉碎、捡拾打捆全程机械化，对收获后留在田间的秸秆进行及时高效的处理。我国在引进消化吸收国外先进技术的基础上，通过自主创新，在秸秆机械化收获、粉碎、打捆、转移等秸秆田间机械化处理技术领域取得了一大批成果，开发了一系列具有自主知识产权并适合我国国情的各种类型、不同规格的秸秆还田粉碎机和打捆机、压块机、青贮机等，相关机具的技术和制造水平均接近国际先进水平。

(二)秸秆肥料化利用技术

秸秆还田技术主要包括秸秆机械粉碎还田、保护性耕作、快速腐熟还田、堆沤还田等方式以及生物反应堆等方式。机械化粉碎还田主要将收获后的农作物秸秆刈割或粉碎后，翻埋或覆盖还田。对小麦秸秆采用联合收割收获，使小麦秸秆基本得到粉碎，再配以秸秆粉碎及抛洒装置，实现小麦秸秆的基本还田；对玉米秸秆采用中型拖拉机牵引秸秆粉碎机将玉米秸秆粉碎两遍，用大、中型拖拉机翻耕或旋耕，将秸秆翻入耕层。秸秆机械化粉碎还田能够节省劳力，增加土壤有机质，改善土壤结构，具有便捷、快速提高土壤保水保肥性能，适用于玉米、小麦产区。

保护性耕作是以保护生态环境、促进农业可持续发展和节本增效为目标，以秸秆覆盖留茬还田、就地覆盖或异地覆盖还田、免少耕播种施肥复式作业、轮作、病虫草害综合控制等为主要内容的先进农业技术。实施保护性耕作具有防治农田扬尘和水土流失、蓄水保墒、培肥地力、节本增效等作用。

快速腐熟还田主要利用微生物菌剂对农作物秸秆进行发酵腐熟直接还田。具有增加稻田土壤有机质，改良土壤理化性质，促进腐殖质的积累与更新、改善土壤耕性等功能。南方地区适宜推广稻田秸秆腐熟还田技术、墒沟埋草耕作培肥技术，北方地区适宜推广秸秆粉碎腐熟还田技术、秸秆沟埋腐熟还田技术。

堆沤还田主要是在田间地头挖积肥凼，将农作物秸秆堆成垛，添加适量的家畜粪尿或污泥等，调整碳氮比和水分，或者添加菌种和酶，使秸秆发酵生成有机肥。该项技术适用于秸秆产量丰富的粮食主产区和环境容量有限的地区，尤其是环境问题比较突出的城乡接合部。

秸秆生物反应堆主要是将农作物秸秆加入一定比例的水和微生物菌种、催化剂等原料，发酵分解产生 CO_2。通过构造简易的 CO_2 交换机对农作物进行气体施肥，满足农作物对 CO_2 的需求，同时可以有效增加土壤有机质和养分，提高地温，抑制病虫害，可减少化肥、农药用量。该技术方便简单，运行成本低廉，增产增收效果显著，适用于从事温室大棚瓜果、蔬菜等经济作物生产的农户应用。

(三)秸秆饲料化利用技术

秸秆饲料利用主要指通过利用青贮、微贮、揉搓丝化、压块等处理方式，把秸秆转化为优质饲料。青贮、微贮是指利用贮藏窖等,对秸秆进行密封贮藏,经过一定的物理、化学或生物方法处理制成饲料,饲喂牛、马、羊等大牲畜,并将其粪便还田,即过腹还田。对提高秸秆饲料的营养成分等作用显著,具有简单易行、省功省时,便于长期保存,全年均衡供应饲喂等特点,既解决了冬季牲畜饲料缺乏等问题,又节省了饲料粮,具有广阔的推广应用前景。揉搓丝化可有效改变秸秆的适口性和转化率。秸秆压块饲料便于长期保存和长距离运输。

(四)秸秆能源化利用技术

秸秆能源化利用技术主要包括秸秆沼气(生物气化)、秸秆固化成型燃料、秸秆热解气化、秸秆直接燃烧发电技术和秸秆干馏等方式。

秸秆沼气(生物气化)是指以秸秆为主要原料,经微生物发酵作用生产沼气和有机肥料的技术。该技术充分利用稻草、玉米等秸秆原料,有效解决了沼气推广过程中原料不足的问题,使不养猪的农户也能使用清洁能源。秸秆沼气集中供气工程,秸秆粉碎机后进入沼气厌氧罐内中温发酵,产生大量的沼气能源,通过输气管道送到千家万户。此外,秸秆沼气技术分为户用秸秆沼气和秸秆沼气集中供气两种形式。秸秆入池产气后产生的沼渣是很好的肥料,可作为有机肥料还田(即过池还田),提高秸秆资源的利用效率。

秸秆固化成型燃料是指在一定温度和压力作用下,将农作物秸秆压缩为棒状、块状或颗粒状等成型燃料,从而提高运输和贮存能力,改善秸秆燃烧性能,提高利用效率,扩大应用范围。秸秆成型后,体积缩小 6～8 倍,密度为 1.1～1.4 t/m^3,能源密度相当于中质烟煤,使用时火力持久,炉膛温度高,燃烧特性明显得到改善,可以代替木材、煤炭为农村居民提供炊事或取暖用能,也可以在城市作为锅炉燃料,替代天然气、燃油。

秸秆热解气化是以农作物秸秆、稻壳、木屑、树枝以及农村有机废弃物等为原料,在气化炉中,缺氧的情况下进行燃烧,通过控制燃烧过程,使之产生含一氧化碳、氢气、甲烷等可燃气体作为农户的生活用能。该项技术主要适用于以自然村为单位进行建设。

秸秆直接燃烧发电技术是指秸秆在锅炉中直接燃烧,释放出来的热量通常用来产生高压蒸汽,蒸汽在汽轮机中膨胀做功,转化为机械能驱动发电机发电。该技术基本成熟,已经进入商业化应用阶段,适用于农场以及我国北方的平原地区等粮食主产区,便于原料的大规模收集。

秸秆干馏是指利用限氧自热式热解工艺和热解气体回收工艺,将秸秆在一个系统上同时转化为生物质炭、燃气、焦油和木醋酸等多种产品,生物质炭和燃气可作为农户或工业用户的生产生活燃料,焦油和木醋酸可深加工为化工产品,实现秸秆资源的高效利用。该项技术适用于小规模、多网点建设,集中深加工的发展方式。

(五)秸秆生物转化食用菌技术

食用菌是真菌中能够形成大型子实体并能供人们食用的一种真菌,食用菌以其鲜美的味道、柔软的质地、丰富的营养和药用价值备受人们青睐。由于秸秆中含有丰富的碳、氮、矿物质及激素等营养成分,且资源丰富,成本低廉,因此很适合做多种食用菌的培养料,通常由碎木屑、棉籽壳、稻草和麦麸等构成。目前,利用秸秆栽培食用菌品种较多,有平菇、姬菇、草菇、鸡腿菇、猫木耳等十几个品种,而且有些品种的废弃菌棒(袋)料可以作为另一种食用菌的栽培基料,不仅提高了生物转化率,延长了利用链条,还减少了对环境的污染。

(六)秸秆炭化、活化技术

秸秆的炭化、活化技术是指利用秸秆为原料生产活性炭技术,因秸秆的软、硬不同,可分为两种生产加工方法。

(1)软秸秆。如稻草、麦秸、稻壳等,可采用高温气体活化法,即把软质秸秆粉碎后在高压条件下制成棒状固体物,然后进行炭化,破碎成颗粒,通过转炉与900℃左右水蒸气进行活化造孔,再经过漂洗、干燥、磨粉等工艺制成活性炭。

(2)硬度较强的秸秆。如棉柴、麻秆等,可采用化学法。即把硬质秸秆粉碎成细小颗粒状,筛分后烘干水分控制在25%左右。经过氯化锌、磷、酸、盐酸等,配制成适合的波美度和pH溶液浸泡4~8 h,进行低温炭化(250~350℃)和高温活化(360~450℃),再经回收(把消耗的原料析出再经过煮、漂洗、烘干、筛分、磨粉等工艺)制成活性炭。

(七)利用以秸秆为原料的加工业

秸秆纤维作为一种天然纤维素纤维,生物降解性好,可以作为工业原料,如纸浆原料、保温材料、包装材料、各类轻质板材的原料,可降解包装缓冲材料、编织用品等,或从中提取淀粉、木糖醇、糖醛等。其中,最主要作为纸浆原料。可用于造纸纤维原料的秸秆为禾草类,包括稻草、麦秆、高粱秆、玉米秆等。其中,麦秸是造纸重要的非木纤维资源,其他秸秆尚未大量使用。造纸用麦秸占总量的30%以上,主要集中在麦秸主产区的河南、安徽、山东、河北等省。采用清洁生产工艺科学使用秸秆生产非木纸浆、秸秆板。

九、高效植保机械化技术

以提高农药利用率、减少农药残留对农产品及环境的污染为目标,重点推广对靶喷施、弥雾施药、无滴漏喷杆喷雾施药等新技术与配套机具装备。在有条件的地区和优势农产品产区,重点推广精密喷洒、雾滴防漂移及智能化施药技术与装备。

十、农机节能技术

大力推广科学管理技术,提高农业机械的使用效率。宣传和培训农业机械科学使用技术和节约能源、保护环境知识,增加农机手科学的维护保养技术和知识,使广大农机手掌握节能技术,树立节能环保意识。积极推进科学的技术鉴定和检测技术,保持农业机械良好的技术状态。制定农业机械能耗标准,积极开发普及精量作业、变量作业和多功能作业农业机械产品和技术,减少作业中的能源消耗。

【任务实施】

根据农业机械化技术规范和水稻全程机械化生产工艺技术方案(图2-1),制作相应的生产流程图。

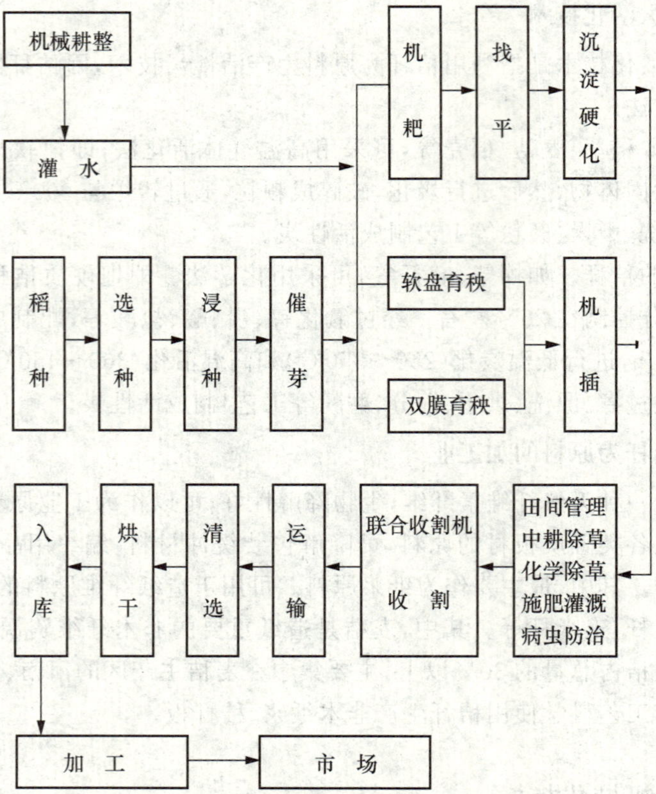

图 2-1　水稻全程机械化生产工艺技术方案

【任务巩固】

哈尔滨市 2017—2018 年秸秆综合利用补贴的意见(部分摘要)

在省补贴政策基础上，增加市级补贴。按照重点投放、集中补助、多用多补、先用后补的原则，重点对秸秆还田机械、秸秆综合利用龙头企业和达到规定利用量的各类生产经营主体给予一定补助。引导更多社会资本投入秸秆综合利用项目，促进秸秆利用产业快速发展，不断提升耕地质量和秸秆综合利用水平，力争 2017 年年底前秸秆综合利用率达到 65%以上，2020 年年底前达到 75%以上。

1. 秸秆肥料化利用

(1)秸秆还田机具购置。2017—2018 年对购置穗茎兼收自走式玉米收获机、秸秆粉碎还田机、灭茬缺口圆盘耙、自走式水稻软秸秆压捆机(或牵引式方捆压捆机)等还田出田机械，且从事农业生产的个人和农业生产经营组织，采取“省市累加补贴”方式，市本级补贴后的补贴资金总额不超过机具销售价格的 60%(若 2017—2018 年无省农机购置补贴，市本级资金直接补贴机具销售价格的 60%)。机具品目和销售价格参照《2017—2019 年哈尔滨市现代农机合作社采购农机装备中标产品目录》或《2018 年黑龙江省农业机械购置补贴产品归档目录》(对新型、先进适用的自走式水稻软秸秆压捆机，在未进入上述目录的情况下，可由市本级资金直接补贴机具销售价格的60%)。在保证补贴资金总额和秸秆还田面积的前提下,各品目机具补贴数量可适当调剂。

(2)玉米“4:空”还田示范。2017—2018年,开展玉米“4:空”耕作模式试验示范,重点对实施主体每亩给予补贴35元,其中秸秆集条还田(集条与管护)每亩补贴20元,秸秆腐熟剂每亩补贴10元,玉米螟防治药剂每亩补贴5元。

(3)水稻秸秆腐熟还田示范。2017—2018年,在水稻种植大县(市)开展水稻秸秆腐熟还田技术示范,重点对水稻秸秆还田腐熟剂经营主体给予每亩10元的补贴。

2. 秸秆能源化利用

(1)移动式秸秆压块站。对符合条件、农户更换炉具积极性高、有意愿增加移动式压块试点的区县(市),参照《中共哈尔滨市委农村工作领导小组办公室关于印发哈尔滨市2017年农村秸秆压块燃料化利用试点实施方案的通知》(哈农工组办发〔2017〕8号)相关规定,由市财政给予70%补贴(包括2017年道里、道外、南岗、香坊、平房、松北区已确定的6处试点)。

(2)户用生物质配套锅炉。在承担秸秆压块燃料化利用试点项目附近村屯,对更换手动生物质锅炉或手动半气化生物质锅炉的农户给予70%补贴(其中市财政补贴50%、县财政补贴20%),农户承担30%(包括省、市已确定的18处秸秆压块试点项目配套炉具6 300台)。

(3)秸秆压块站电价标准。对秸秆压块站生产用电,供电部门应执行省物价监管局《关于农林废弃物初加工用电执行农业生产电价的通知》(黑价格〔2016〕166号)规定的农用电价格标准。

3. 秸秆综合利用龙头企业

2017—2018年,对行业领先、前景广阔、具备贷款条件,且有资金需求、年利用秸秆2 000 t以上的秸秆综合利用龙头企业及秸秆收集农民专业合作社等经营主体新增贷款,按照银行实际贷款利息的50%给予贴息。

任务2 农业机械化信息资源

【任务目标】

1. 认知农业机械信息的网络资源。
2. 掌握应用各种信息资源服务农业机械的技术手段。

【任务准备】

一、农业机械管理服务网络化

1. 农机管理指挥调度中心

把网络技术运用于农机生产,组成“物联网”,对人员、机器设备、基础设施实施实时管理控制。可实现农机作业卫星导航定位控制及跟踪、农机作业无线视频监控、农机作业参数回传、农具场网络安防监控等功能。安装有计算机网络、大屏幕等设备，可进行农机培训、农具停放场(库)网络视频监控、农机作业无线网络视频监控、安全管理网络视频会议等。

2. 农机标准化管理

农机牌证管理信息数据库、农机驾驶员驾驶证管理信息数据库、农机事故统计数据库、农机购置补贴数据库等应用计算机登记，统一管理。

二、农业机械信息互联网化

1. 中华人民共和国农业农村部网站

http://www.moa.gov.cn/　主要栏目有政务动态、通知公告、监测预警、法规政策、规划计划、财务公开、人事信息、国际交流、在线办事、在线填报、农安信用、批发市场、脱贫攻坚、高产创建、质量安全、信息化建设、网上信访、农科讲堂等。

2. 中国农业机械化信息网

http://www.amic.agri.gov.cn　主要栏目有新闻中心、组织机构、行业概况、政策法规、工作导向、办事指南、农机统计、先进典型、农机补贴、制造流通、质量鉴定、教育培训、科技推广、安全监理、农机维修、服务组织、农机作业、国际交流等。

3. 中华人民共和国农业农村部农垦局

http://www.nkj.moa.gov.cn/　主要栏目有工作动态、政策法规、经济信息财务与扶贫、垦区动态、农垦情况、工作任务及下载等。

4. 中国一拖集团有限公司

http://www.yituo.com.cn/　主要栏目有产品、服务、技术研发、人才在线等。

5. 雷沃重工股份有限公司

http://am.lovol.com.cn/　主要栏目有水稻机、玉米机、小麦机、拖拉机、农机具等。

6. 西部农机网

http://www.xbnj.net/　主要栏目有产品展示、新闻动态、农机视频、二手农机、维修配件、使用保养、政策法规、农机论坛等。

7. 农机360网

http://www.nongji360.com/　主要栏目有行业资讯、补贴目录、行业企业、政策分析、数据采购等。

(注：本部分内容有可能变化较大，请读者自行关注相关网站变化)

【任务实施】

1. 登录农机相关网站，收集信息，制作农机宣传板报。

2. 设计一个农机新技术网站。

【任务巩固】

一、网站联合收割机作业安全提示宣传画报

当前正值玉米收获期，各类联合收割机作业繁忙，驾驶员作业量大、劳动强度高，为保证

机械正常运转，保证驾驶员安全，保证玉米颗粒归仓，为此农机监理提示广大联合收获机驾驶人员，在收割作业时要严格遵守操作规程。提示如下：

①驾驶联合收获机必须持有驾驶证，任何时候不允许交给无驾驶证人员操作。

②联合收获机作业前，应注意观察作业区域内及周边有无高压线、电线杆、通信塔、灌溉井等公共设施，提前规划作业路线。当其他人远离联合收获机并保持安全距离后，再进行联合收获机作业，在公共设施周边作业时，应有人指挥，避免发生事故。

③机组起步、接合动力挡、转弯、倒车时要鸣笛，观察机组周边是否有人、有物和设施，确保安全。

④作业时驾驶员要集中注意力，观察倾听机器各部件的运转情况。根据负荷大小变换油门。如发现机器有异常声响或故障时，应及时切断动力挡，排除故障，以免损坏机器。

⑤经常检查制动机构和转向机构的工作可靠性，必要时进行调整。

⑥严禁在联合收获机工作时，用手触摸机器工作部件、排除故障，当出粮口或排草口发生堵塞，应立即停车、切断动力、熄火后清理排除。

⑦联合收获机工作或运输时，允许坡度不能超过 15°以上，下坡时不许换挡。在斜坡上停车时必须刹车，并用定位器卡住制动器板。

⑧在联合收获机停止工作后，应将变速杆放在空挡位置，切断动力挡。在收割台下部未放入可靠的支撑物以前，禁止人到收割台下面工作。

⑨检修机器所用扳手、锤子等工具用后必须清点，不能留在机器中，以防起动机器时伤人、伤机，做好防患于未然。

⑩联合收获机作业区域严禁烟火，夜间作业不准用明火照明，联合收获机应配备有效的消防器材，以防火灾发生。

二、网站建设模板(图 2-2)

(一)网站定位

网站功能：宣传公司形象、展示产品信息、为客户提供互动交流平台，增强电子商务服务水平。

(二)网站的主要内涵

1. 企业信息

以文字、图片、视频等方式展示公司信息，包含公司名称、产品类别、发展历程、联系方式等。

2. 网上产品展厅

将每个产品的性能指标、尺寸大小、颜色样式等参数，通过表格、图片显示展示给客户。

3. 电子商务平台

在网站上加入在线订购的功能，通过与淘宝、京东等网站合作，网上直接交易。

4. 及时的客户互动反馈系统

将提供在线留言功能，及时解决注册客户遇到的疑难问题。

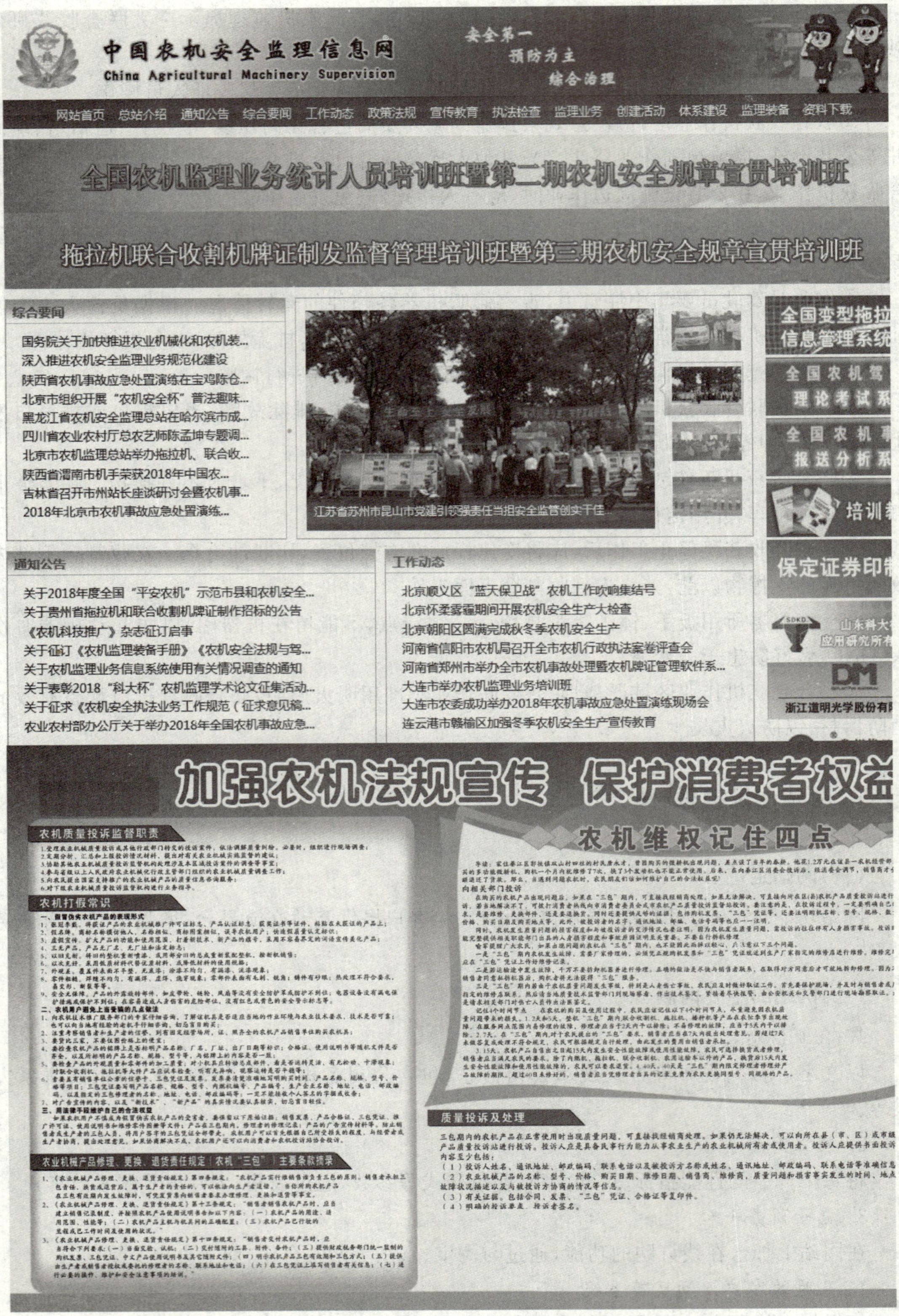

图 2-2 中国农机安全监理信息网

任务3 农机新技术

【任务目标】

1. 认知信息化、智能化、电气化在农业机械中的应用。
2. 掌握典型农业机械新技术使用方法。

【任务准备】

车载CAN：全称为“Controller Area Network”，即控制器局域网，CAN数据总线又称为CAN-BUS总线，20世纪80年代初由德国Bosch公司开发，同年Bosch公司正式颁布了CAN技术规范。该技术规范包括A和B两部分。CAN被设计作为汽车环境中的微控制器通信，采用单片机作为直接控制单元，用于对传感器和执行部件的直接控制，在车载各电子控制装置ECU之间交换信息，形成汽车电子控制网络，通信速率可达1 Mbps。CAN总线的应用简化了布线、减少了传感器数量、提高系统可靠性和可维护性。随着技术的发展，具有高度灵活性、简单的扩展性、优良的抗干扰性和纠错能力。CAN总线通信协议在拖拉机、联合收获机电控系统中得到广泛的应用。

高压共轨：高压共轨（Common Rail）电喷技术是指在高压油泵、压力传感器和电子控制单元（ECU）组成的闭环系统中，将喷射压力的产生和喷射过程彼此完全分开的一种供油方式。它是由高压油泵将高压燃油输送到公共供油管（Rail），通过公共供油管内的油压实现精确控制，使高压油管压力（Pressure）大小与发动机的转速无关，可以大幅度减小柴油机供油压力随发动机转速变化的程度。共轨技术是指在由高压油泵、压力传感器和电脑控制单元（ECU）组成的闭环系统中，将喷射压力的产生和喷射过程彼此完全分开的一种供油方式。由高压油泵把高压燃油输送到公共供油管，通过对公共供油管内的油压实现精确控制，使高压油管压力大小与发动机的转速无关，可以大幅度减小柴油机供油压力随发动机转速的变化而变化，从而克服了传统柴油机燃油压力变化的缺陷。ECU控制喷油器的喷油量，喷油量大小取决于燃油轨（公共供油管）压力和电磁阀开启时间的长短。

涡轮增压：主要作用就是提高发动机进气量，从而提高发动机的功率和扭矩，让发动机输出更高功率。常见的增压形式为废气涡轮增压，它是利用发动机排出的废气惯性冲力来推动涡轮室内的涡轮，涡轮又带动同轴的叶轮，叶轮压送由空气滤清器管道送来的空气，使之增压进入气缸。当发动机转速增快，废涡轮增压技术气排出速度与涡轮转速也同步增快，叶轮压缩更多的空气进入气缸，空气的压力和密度增大可以燃烧更多的燃料，相应增加燃料量就可以增加发动机的输出功率。一般而言，加装废气涡轮增压器后的发动机功率及扭矩要增大20%～30%。

可变气门：可变气门正时技术，气门有两个位置，每个进气门分别有2种最大行程。控制气门行程变化的是两组凸轮：一组是高速凸轮，即红色部分的凸轮；另一组是低速凸轮，即高速凸轮之间的凸轮。当引擎在低转速工况时，气门座顶端的黄色的控制活塞落在气门座内。这样高速凸轮只能驱动气门座向下行程而不能带动整个气门动作，整个气门由低速凸轮驱动气门顶向下行程，这样获得的气门开度就较小。反之，当发动机在高转速工况时，控制活塞在液压的驱动下从气门座推入气门顶中，把气门座和气门刚性的连接，高速凸轮驱动气门座时就能带动气门向下行程获得较大的气门开度。可变气门升程技术相比于其他的凸轮轴-摇臂结构，在凸轮轴和每根摇臂之间设置了一个中间摇臂，用以将凸轮轴的运动轨迹转化在气门摇臂上。这个中间摇臂引入了电子控制与电机执行系统，系统有一支与传统式引擎一样的凸轮轴，而且还有一支偏心轴与滚轴及顶杆的机构，并由步进马达所带动着，借由接收来自油门位置的信号，步进马达改变偏心凸轮的偏移量，通过控制电机旋转一定角度，带动螺纹杆的移动，从而改变中间摇臂接触凸轮轴和气门摇臂的角度，来实现一个凸轮轨迹转换成可变升程的气门开闭过程。

负载换挡：带负载换挡变速器的换挡操作由换挡离合器执行，换挡离合器的结合与分离由液压系统驱动，换挡时两个离合器同时作用于同一个转速转换系统，油缸活塞驱动多片湿式离合器压紧实现动力结合，而液压系统受电子控制单元(TCU)控制，能准确调整两个离合器动力传递和分离的时机。若速度变化较大，将会在多级速度传递中重复上述过程。带负载换挡变速箱的特点是换挡时动力不中断，能够不间断换挡、换向，将复杂的操作过程简化为按钮操作，驾驶员可在短时间内轻松完成复杂的各种作业过程。从而改善整机操纵性能，提高发动机的工作效率。

农业机器人：是一种集传感技术、监测技术、人工智能技术、通信技术、图像识别技术、精密及系统集成技术等多种前沿科学技术于一身的机器人，也是融合检测传感技术、信息处理技术、自动控制技术、伺服驱动技术、精密机械技术和计算机技术等多种技术于一体的交叉学科。旨在提高农业生产力、改变农业生产模式、解决劳动力不足，从而改善农业生产环境，实现农业的规模化、多样化、精准化的工厂化生产。农业机器人是一种以农产品为操作对象、兼有人类部分信息感知和四肢行动功能、可重复编程的柔性自动化或半自动化设备。它能减轻劳动强度，解决劳动力不足，提高劳动生产率和作业质量，防止农药、化肥等对人体的伤害。机器人能在农业生产中模仿人的某些活动，具备特定生产技术功能，代替人的繁重劳动或在人所不能适应的环境下代替人的工作。已经投入实际应用的有番茄收摘机器人、黄瓜采摘机器人、葡萄采摘机器人、西瓜收获机器人、柑橘采摘机器人、甜瓜采摘机器人等。

农用植保无人机：用于农林植物保护作业的无人驾驶飞机，该型无人飞机由飞行平台(固定翼、单旋翼、多旋翼)、GPS飞控、喷洒机构三部分组成，通过地面遥控或GPS飞控，来实现喷洒作业，可以喷洒药剂、种子、粉剂等。由于农用植保无人机体积小、重量轻、运输方便、可垂直起降、飞行操控灵活，对于不同地域、不同地块、不同作物等具有良好的适应性。因此不管在我国北方还是南方，丘陵还是平原，大地块还是小地块，农用植保无人机都拥有广阔的应用前景。农用植保无人机是一种遥控式农业喷药小飞机，机体型娇小而功能强大，以载荷为16 kg的电动植保无人机为例，其喷洒效率是传统人工的30倍，每天作业300～500亩。飞机采用智能操控，操作手通过地面遥控器定位对其实施控制，其旋翼产生的向下气流有助于增加雾流对作物的穿透性，防治效果好，同时远距离操控施药大大提高了农药喷洒的安全性。该飞行平台还能通过搭载不同的任务系统，进行农业病虫害等实时监控、农村土地确权、农作物长势及病虫害的监测、施药、授粉、施肥作业。

卫星导航：卫星定位技术很早就应用在拖拉机和收割机的田间作业行走路线的自动控制，可以按着田间作业设定的机器行走路线自动完成控制行距的衔接。全球卫星定位导航自动驾驶技术应用在田间作业的农业机械上，可以保证实施起垄、播种、喷药、收获等农田作业时衔接行距的精度，减少农作物生产投入成本，并使农作物的种植农艺特性优化，提高农艺作业质量，避免作业过程产生衔接行的“重漏”，降低成本，增加经济效益。应用卫星定位导航自动驾驶技术可以提高拖拉机或谷物联合收割机的操作性能，延长作业时间，可以实现夜间播种作业，大大地提高了机车的出勤率与时间利用率。使用该套设备能减轻驾驶员的劳动强度，驾驶员在作业过程中可以用更多的时间观察农具的工作状况，有利于提高田间作业质量。

【任务实施】

简述拖拉机自动驾驶辅助转向系统的理论要点。

拖拉机自动驾驶辅助转向系统操作速通

成熟市场化的导航系统有美国的 GPS、俄罗斯的 GLONASS、中国的 CNSS，占有率最高的是 GPS，很多导航辅助驾驶系统都是基于此系统开发的。国内外相继发展起来的导航辅助驾驶系统产品，大都借鉴领先企业的成功模式和经验。基于这种状况，现参考市面流行的天宝、瑞农、迪尔的多种机型自动导航驾驶系统，整理共同特性，通过简化的操作流程说明，使新老机车手都能快速地掌握操作要领，发挥高科技性能。

1. 使用要点

(1)自动驾驶辅助转向为辅助系统，应用时驾驶员必须在座位上并系好安全带。

(2)车辆开上公路前必须停止自动驾驶辅助转向系统工作，严禁在公路上使用此系统。

(3)带播种耕翻作业的机车，自动驾驶辅助转向系统不能自动掉头、躲避障碍物，驾驶员必须集中注意力，防事故，防突发事件。

(4)系统作业精度决定于卫星信号精确度＋机车农具参数设置＋作业地号土壤条件。

2. 常规信息

(1)0 轨迹线：机车在田间第一条路径。

(2)变换轨迹：补偿卫星飘移量的修正。

(3)轨迹模式：运动路径的形状。

(4)标记点：作业中断处的记号。

(5)A—B 线：等同 0 轨迹线。

3. 重要参数设置步骤(0 轨迹线)

(1)驾驶机车到需要作业的地号起始位置。

(2)选择设置轨迹模式(直线模式)。

(3)设置轨迹间距(作业幅宽)。

(4)给当前地号选择未使用的编号(两位数)。

(5)选择起点位置 A 点。

(6)驾驶到 B 点，行驶距离大于 5 m，选择第二点位置 B 点，完成 A—B 线设置。

4. 现场操作调整项目及作业监控项目

(1)运行操作：机车自动驾驶复位开关、屏幕显示自动转向开关、调头视图开关。

(2)质量调整:变换轨迹、标记作业中断点、调头预警点、信号接收器或农具偏移量。

(3)观察信息:偏离轨迹误差、轨迹号和精度误差、卫星信号强度、作业速度。

5. 一般信息状态修改项目

(1)农场、地号、作业任务、驾驶员、车辆类型及农具型号名称。

(2)天气、土壤条件、作业时间。

(3)追踪轨迹提示音、屏幕大小或全屏显示、转向灵敏度、显示器亮度调节。

6. 系统正常使用必要条件

(1)处理器插入写有该系统信息的数据卡且许可证期限有效。

(2)有较高卫星信号显示。

(3)自动跟踪模式为允许。

(4)0 轨迹线设置完成。

(5)机车前进方向、速度、距轨迹间距、前轮转角、车头与轨迹角度在规定范围内。

(6)驾驶员在座。

(7)机车经过预热,车辆、农具技术状态正常。

(8)冷启动的机车显示器需等 2 min 才能正常显示。

(9)取下数据卡需等机车关闭,过延时时间至少 1 min 后进行。

7. 系统停止

(1)按自动转向反复开关为关闭。

(2)大角度转动方向盘。

(3)卫星信号强度过低、车速过快、倒挡停留、驾驶员离开座椅都会使系统自动停止工作。

8. 系统不正常启动处理办法

(1)机车预热,等待卫星信号。

(2)按指示更新系统软件。

(3)调整机车前进方向、速度、距轨迹线间距、前轮转角、车头与轨迹线角度在规定值范围内。

(4)对比诊断故障码。

(5)查看认证号期限。

(6)重新启动机车。

(7)跨区作业,与当地农机部门联系,加入基准站数据库或使用移动式差分基准站。

9. 其他信息

配合随系统带的操作软件,在计算机上进行修改、更新、统计。

10. 系统应用的一点经验

(1)地头转向后,尽量前进后退几次,手动找线后再开启自动导航驾驶,避免地头前几米处有找直线留下弯曲轨迹,损伤挂接的农具。

(2)中耕时作业机车内应有两人协调监控,一个驾驶和监督显示屏数据,一个监控农机具实际作业质量。

(3)相信系统报警,警报不解除不继续作业。

(4)向技术员请教统计信息,更熟练灵活操作调整系统。

【任务巩固】

友谊农场先进技术应用(网站新闻)

黑龙江省农垦首先在友谊农场五分场二队进行精准农业技术与装备示范试验,以点带面逐渐扩展。该项目以黑龙江八一农垦大学精准农业技术研究中心为技术依托,进行精准农业技术与装备系统引进技术示范试验和创新研究。现已引进了配套的精准农业技术装备,主要包括:带有全球卫星定位产量监测系统的 Case IH 2366 型谷物联合收割机、带有施肥变量控制的空气输送式变量施肥播种机、复式深松机、联合整地机、橡胶履带式 STX375Q 型拖拉机、自走式变量喷药机等农业机械设备。根据黑龙江省的农垦实际生产情况建立了区域性地面纠偏站,使用方便,一次性投资建站,后期运行成本比较低。该地面站的定位精度是亚米级,在满足友谊农场五分场二队精准农业试验需要的同时为友谊农场的信息化农业发展提供服务。

模块二

农业机械配备、购买与经营

项目1

农业机械配备、购买与经营

【项目描述】

农业机械配备就是依据给定的机械化作业项目及作业量，为一个企业或地区选择农业机械型号，确定各型农业机械的数量，组成农业生产机群。农机配备需满足两方面要求：一是保证按农艺技术要求完成企业的各项机械化作业；二是配备的机械能使企业获得较大的经济效益。因此，农机配备需要考虑的因素主要有：机群投资、资金占用、机群机器在使用中的各类消耗费用、机群在生产中使企业增收的性能（即与企业原作业系统或其他机群配备方案比较的增收、减耗效果等）。

农业机械是生产资料之一，在使用过程中其自身的使用价值逐渐下降，这是客观存在的物质价值转化。在自身价值降低的同时把价值转化到加工对象中去而形成经济效益。所以，应合理地提取折旧费，利用资金再投入，提高技术进步水平、扩大再生产，促进农业机械化持续发展。农业机械的更新与换代是促进物质、资金、信息流通提高社会效益的必要环节。如果农业机械设备到了寿命期不及时更新而超期使用，就要减缓机器技术进步的速度，导致生产与发展滞后，甚至中断。

任务1 农业机械配备

【任务目标】

1. 认知农业机械配备原则。
2. 掌握农机配备方法。

【任务准备】

一、农业机械配备条件

需要掌握企业所在地区的自然、社会经济条件，地形、地貌和作业场所状况等条件；可供选择的机器型号、价格、技术性能和对企业所在地区的适应性等有关资料和数据。

二、农业机械配备方法

1. 应用机组生产率法(工作量法)

在已知具体机组组成的基础上，根据机组生产率与给定作业面积，来确定动力机与作业机械的配备数量。计算各种作业所耗的能量。选出合适的机型后，功率已知，从而求出该型机器的需用量。应用线性规划法，简单易行。较大型机组的经济服务面积域较宽。在经济服务面积域内，接近上限值时运用费趋低。

2. 最小年度费用法

最小年度费用法是按经济准则确定农业机器配量的一种方法。参考参数为年固定费用、农机具的购价、全年作业面积、机组作业速度、田间作业效率、维修费、劳动工资、燃料与润滑油料费、牵引农机具的拖拉机费用。

3. 农艺要求法

田间作业大多数都有最佳作业期的农艺要求，违时就要减产，因此作业适时性可用经济价值来衡量。为了防止在最适时期内过分集中作业，造成机械安排紧张、配量大的弊端，可适当选择不同品种的农作物，使它们的最适宜作业时期相互错开，以缓解机器集中作业配量大的矛盾，并可减少适时性损失。或者相同的农作物，采取不同的种植农艺，错开农机具应用时间段。

【任务实施】

1. 农机配备调查

调查汇总，学生生源地农机应用配备数据。

2. 农机配备分析

查阅资料，做企业农机配备合理性分析。

【任务巩固】

一、农场农业生产技术指标

黑龙江省某农场根据全程机械化作业技术要求，水稻老稻田搅浆整地100%、新增稻田搅浆整地85%，机械插秧、摆栽面积100%。以农场为单位组建专业育秧队、专业机械插秧队，高性能插秧机插秧面积40%以上；水稻机械收获面积100%，其中：机械割晒拾禾面积

80%，大型收获机收获面积80%，充分发挥半喂入式收获机的效率；防病作业除飞机航化作业外100%实施弥雾机作业，示范大中型水稻喷药机防病作业；示范推广水稻运秧机运秧和施肥机撒施水稻专用基肥技术；旱田作物机械灭茬联合整地面积60%；应用垄体整形器起垄面积80%；GPS卫星导航面积40%；精密播种面积100%；玉米催芽播种面积80%。根据设定的农田面积和作物种类，分析该农场的农机配备基本情况。

二、农机合作社概况

某农场现有粮豆播种面积69万亩，其中水田面积47万亩，旱田面积22万亩。农场××农机专业合作社于2010年3月正式注册成立，注册资金4 227万元。入社机械全部为职工个人通过国家和农场政策补贴购进的大型旱作农业机械，现入社社员116人，入社机械总量达到533台件，固定资产达到7 200万元。合作社占地面积22 000 m^2，其中建筑面积3 600 m^2，建有各种库房70间，综合办公室400 m^2，农具停放场16 000 m^2，道路绿化2 400 m^2，是集农业机械统一保管、科技培训、安全生产、办公为一体的综合服务场所。各种入社农机具达到533台件，机械总资产达到7 700万元。进口大马力拖拉机22台，其中迪尔9320型2台，迪尔7830型6台，凯195型、210型14台；国产大型拖拉机22台，其中迪尔天拖1054型5台，904型17台；大型先进配套农具432台件；迪尔3316型45台，进口凯斯6088大型收割机12台。

想一想

1. 农机配备参考依据有哪些？
2. 简述农机配备的方法。

任务2　农业机械更新

【任务目标】

1. 认知农业机械更新原因。
2. 掌握农业机械更新技巧。

【任务准备】

折旧费是农业机械自身价值的度量，是机器价值转化的一种货币表现形式。农业机械购进后，不管使用与否，随着时间的推移，自身价值都在下降。机械零件由于使用而磨损，不再能有效地发挥出原有的性能。取得同样单位产出所需的动力、劳力和修理费用增加，因而在原有的性能状态下，机器作业费用自然上升。如果采用新的更有效的机械和技术，与此相对照，原有的机器效能必然相形见绌而贬值。旧机械虽然还可使用下去，但从经济角度看已不合算。随着生产单位的生产规模改变，技术水平提高，原有机器的生产能力或功效和改变了的生产形势不再适应，因此需要适时更新农业机械。

有形磨损：指农业机器在使用或闲置过程中的可见性磨损。机器运行中伴生摩擦、振动和疲劳等现象，导致零件和部件的原始尺寸和形状改变，零件坏损，公差配合等级下降、工作精度差、生产率降低而油耗增加，作业质量劣化等。

无形磨损：指农业机器和设备由于技术进步而引起的贬值，由于技术进步使生产相同结构的机器设备的社会必要劳动量相对降低而形成贬值和由于技术进步更先进的机器设备出现而使原有机器设备贬值。

贬值后的机器价值称为再生产值价 K_t。它与技术进步速度和设备使用的时期有关。技术进步速度可由社会劳动生产率的平均增长速度来表示。原有机器设备的再生产价值 K_t 表示为

$$K_t = \frac{K_0}{(1+P)^t}$$

式中：K_0——农业机械设备的原价；

P——社会劳动生产率的平均增长系数，一般机械工业 $P=8.4\%$；

t——机器设备的使用年限。

一、农机更新原因

自然寿命：指机器设备由于有形磨损而丧失工作能力，虽用修复方式也不能得到补偿，只有终止使用而报废。由投入使用到报废的这段时期称为自然寿命。

经济寿命：农业机器虽然还具有一定的生产能力，但由于存在有形与无形磨损使其经济性降低，若再继续使用将导致经济损失。因此，自机器投入使用到转卖或淘汰更新为止，在经济上更加有利的这段时间称为经济寿命。

对于经济寿命的评估应根据：必须在寿命期内，无其他较佳型号的新机器出现；在此期间内使用旧机器尚能获得较好的年收益；淘汰并更新必须是更先进的新机器出现；新机器使用的年收益大于原机的年收益。

合理使用寿命：指机器设备虽然到了经济寿命，但能否及时更新，还要根据具体条件酌情处理。如新机型的适应性、质量与价格、资金筹措等因素，而使经济寿命有条件地延缓，就称其为合理使用寿命。

二、农机更新条件

①油耗上升功率下降。耗油量与机龄的关系有关，机龄越长，标准亩耗油量越高。②修理费用高、作业成本上扬。一般15年机龄的大中型拖拉机比5年机龄以下的新机平均每年每台多支出修理费1倍，而使用多年的小型拖拉机比机况良好的新机每年多支付修理费30%。油料、配件、修理工时的超耗量最终都集中计入农机作业成本上，而使费用提高。③年工作量降低，由于使用老化的拖拉机作业，技术状态恶化，有效功率下降，故障率增长，机器使用率下降而导致作业量下滑。

三、农机更新依据

农机更新可参考以下依据：对实现农业战略目标，增加产值的效果；提高农业劳动生产率、土地生产率、农产品商品率，促进生产社会化、专业化的发展，使耕地相对集中为适度规模创造条件的可行性；抗御自然灾害减少损失、保证高产稳产的措施与效果；满足生物技术措施要求，提高作业质量的效果；改善劳动条件，减轻劳动强度的效果；对保护环境、防治污染产生的影响及其整治措施的效果；合理利用自然资源及其可持续化措施，开拓生产门路的效果；论证新技术、新工艺、新设备的制造安装与使用条件及地区适应性；分析相关的配套技术、配套机具的协调性，评估农业机器与环境条件，各个工序之间、机具与生产规模之间的功能是否得到充分的发挥。

农机折旧通用数据：大中型拖拉机 73.55 kW 12 年，14.71～73.5 kW 10 年；小型拖拉机 14 kW 以下 7 年；谷物联合收获机喂入量 2.5 kg 以下 14 年，喂入量 2.4 kg 以下 12 年；农用载货汽车(50 万 km)12 年；汽车、拖拉机挂车(50 万 km)12 年；机引农具及渔业、牧业机械 10 年，其中 73.55 kW 以上拖拉机配套农具 12 年；排灌机械及大型喷灌机 15 年；粮食处理机械烘干设备 12 年，输送机械 15 年；农田基本建设机械 15 年，推土机 10 年，挖掘机 12 年；农用飞机及作业设备 15 年(4 000 h)；修理专用设备及测试设备 20 年；金属油罐车 20 年。

【任务实施】

1. 农机更新原因分析

学生以小组为单位，对现场农机型号进行分析解读，讨论是否需要更新。

2. 农机更新依据

学生以小组为单位，根据农机具分类、农业机械分类、拖拉机分类，收集对应的农机产品图片，并对该机型号、特点进行解读。

【任务巩固】

农业机械型号的选择是农业机械化规划的重要内容，它是机器的投放、配备和组织生产优化的前提，特别是机器处于科技进步、农艺技术不断提出新需求的情况下，机器型号的精选在规划中应列在首位。

农业机械配备除适应规划地区和生产单元的自然气候条件，满足高产优质高效农业生产目标的要求外，还应考虑如下因素：能创造较高的土地生产率、劳动生产率、商品率与利润率。能耗低、技术结构先进，损失小。机器可靠耐用，操作维护方便，安全。价格低廉，经济实用，零部件易配，一机多用。型号少而精，便于管理与维护。机器选型与购置立足于国内。引进新机型一定要经过生产试验与考核。现有机型中经生产考验可用者应在入选之列。

想一想

1. 农机更新依据的侧重点如何选择？
2. 农机更新的效果如何判定？

项目 2

农业机械购买与经营

【项目描述】

试验鉴定工作是农机科学技术体系的重要组成部分，从满足农业生产和农民实际使用的需要出发，通过对农业机械适用性、安全性和可靠性评价，全面考核评价农业机械产品性能和质量水平，为农业机械的选择和推广提供依据和信息。农业机械鉴定是为农机户提供优质廉价农机产品的必要程序，通过考核农业机械的作业性能、可靠性、安全性、经济性和适应性，对农机具作出综合评价和鉴定结论。农机鉴定分为抽查鉴定、专项鉴定、评选鉴定和推广鉴定四类。

任务 1　农业机械鉴定

【任务目标】

1. 了解农机试验鉴定内容。
2. 掌握试验鉴定方法

【任务准备】

农业机械试验鉴定是农业农村部和省级农业机械化行政主管部门管理的公益性事业，是国家法律法规确定的农机质量评价公共服务职能。根据农业农村部《农业机械试验鉴定办法》的规定，农业机械能否进行推广必须通过农业机械鉴定。因此，农机鉴定是农机行业的一项重要工作，对我国农机行业的发展起了巨大作用。

我国农业机械试验鉴定工作开始于 20 世纪 50 年代初期。经过几十年的发展，农业机械试验鉴定机构不断健全，法规和技术体系逐步完善，试验鉴定能力明显提升，基本形成了以农业农村部农业机械试验鉴定总站为龙头，省级农业机械试验鉴定机构为基础，地(市)级农业机械试验鉴定机构为补充的全国农业机械试验鉴定系统。

因此，农业机械试验鉴定已成为市场经济条件下依法实施引导农民和农业生产经营组织使用先进适用的农业机械的有效方式，在规范农业机械市场、监控农业机械产品质量、引导企业生产方向和保护农民合法权益方面，发挥着越来越重要的作用。

一、农业机械鉴定分类

按级别可分为厂级鉴定、省部级鉴定、国家级鉴定三种。

从鉴定层次上可分为科研鉴定、新产品鉴定和投产鉴定三种。①科研成果鉴定，由科委组织和农机主管部门组织实施，对产品水平进行评价，是验证样机性能(成果)是否达到设计(项目)任务书的指标要求，审查评定设计是否先进合理，图纸和技术资料是否正确和齐全，并做出相应的结论。②新产品鉴定，是由工业部门委托农机管理部门主持进行的，考察机械的工作性能，并对其可靠性和工艺性进行评价。除对机具性能做出测试和考核，对图纸和技术文件进行审查外，还要考查机具性能的可靠性，是否具有良好的工艺工装保证，并对能否批量生产提出结论。③投产鉴定是由农机主管部门主持进行的，对农机具进行全面鉴定和综合评价。

推广鉴定是由农机主管部门主持进行的，是按照选择性推广适用农业机械的原则，对机具的“五性”，特别是经济性和适应性进行全面鉴定和综合评价，确定是否可以推广，对符合推广使用的机具发放推广许可证。

二、农业机械鉴定内容

农机试验包括性能试验、生产试验和生产考核试验三部分。内容上包括：确定作业质量指标是否符合规定的农艺要求；确定机具的某些运用指标，包括生产率、劳动消耗、油料消耗及作业成本等；对机具的动力性、经济性进行测定。

农机试验鉴定工作已形成了一整套科学有效的工作程序，但是由于农机产品的试验鉴定是有关方面的一种自愿的事业行为，所以其工作程序也就有其特殊性。

农机产品生产、研制单位，认为样机成熟时，向农机业务主管部门提出申请报告，填写申请书，便可纳入农机试验鉴定计划。生产、研制单位需准备提供试验鉴定的样机两台。样机提供单位需向承担试验鉴定单位同时提供下列技术文件资料：技术任务书、设计说明书、产品验收技术条件(技术标准)、性能试验报告、使用说明书、全套图纸及说明文件。

农业机械的试验鉴定工作分为两个程序，即技术鉴定和生产试验。

技术鉴定一般于生产试验之前在生产企业结合样机的总装进行，对于在技术鉴定过程中发现的一般问题，应及时解决，以保证样机的技术状态完好。如果样机有重大缺陷，短时间内解决不了的，可中断试验。

生产试验应在实际生产条件下进行，对能连续正常作业 2 个班次以上的样机，进行试验项目的测定；不能连续正常作业的样机应中断试验。

技术鉴定以样机生产单位提供的技术文件为依据，用观察和测定相结合的方法复核设计结果，确定样机的结构设计合理性、制造装配质量和技术状态，检查和验收样机。

生产试验(通常又叫型式试验)是农业机械试验鉴定工作的重点，其内容有三项：性能试验、生产考核和对各项技术指标的计算和分析。

三、撰写实验报告

当全部试验鉴定工作结束后，承担试验鉴定的单位应对样机提出试验鉴定报告，对报告编制的要求主要是：数据真实可靠、修约正确，用词简明、准确，重点突出，结论肯定。

试验报告的内容包括：

前言：写明试验目的的要求，样机名称，台数，研究单位和样机提供单位，试验依据，时间、地点、工作量的完成情况等。

样机简介：介绍样机的结构，主要特点参数以及工作原理。

试验条件和试验情况：简述试验条件，分析其是否具有代表性，以及对试验的影响。写明试验所用仪器设备是否结果标定和检定。简述试验进行情况。

试验结果和分析：根据试验测得的数据和观察到的现象，进行系统地数据处理和综合分析，对试验进行评价。

结论：根据试验目的和对试验结果的分析，对试验作出明确结论。

附件：包括试验数据、图表、参考文献、照片等。

要想保证农业机械能够安全可靠地运行，就需要重视农业机械保养工作，科学地检验和鉴定各个零部件。农机零件的检验即为确定技术状态、工作性能或故障原因，按一定的要求对零件进行技术检查。

【任务实施】

学生以小组为单位，根据已有机型撰写实验鉴定报告。

农业部农机鉴定总站牧机鉴定站检验报告

No＊＊＊＊＊＊＊＊　　　　　　　　　　　　　　　　第 2 页共 5 页

样品名称	铡草揉搓机	型号规格	9PR-2.4 型
		商　　标	＊＊＊
委托单位	—	检验类别	部级推广鉴定
受检单位	＊＊		
生产单位	＊＊	样品等级	合格品
抽样地点	厂成品库	抽样日期	2008 年 12 月 2 日
样品数量	2 台	到样日期	2008 年 12 月 2 日
抽样基数	22 台	抽样人	＊＊＊
检验依据	DG/T 024—2006《铡草机》 农业机械推广鉴定大纲	样机编号	06#、19#
		生产日期	2008 年 11 月
		检验项数	共检十二项
主　　要 检测设备	电参数测量仪、转速表、天平、 电子秤、卷尺、游标卡尺	试验环 境条件	温度：12℃
主要项目 检测地点	＊＊	主要项目 检测时间	2008 年 12 月 2 日
检 验 结 论	合格 （检验报告专用章） 签发日期：　　年　　月　　日		
备　注			

批准：　　　　　审核：　　　　　项目负责人：

年　月　日

农业部农机鉴定总站牧机鉴定站检验报告

No * * * * * * * *

1. 主要技术规格 第 3 页共 5 页

序号	项 目	单 位	规 格
1	配套动力	kW	11
2	结构形式	—	筒式
3	结构质量	kg	248
4	外形尺寸(长×宽×高)	mm	1 520 mm×820 mm×1 460 mm
5	喂入口宽度	mm	285
6	喂入方式	—	径向喂入
7	主轴转速	r/min	1 450
8	喂入辊转速	r/min	171
9	动刀片数量	个	3
10	动刀片刀形	—	直线刃口
11	设计草长	mm	2.5、5、12、24
12	生产率	t/h	2.4

2. 试验条件

序号	项 目	单 位	测定结果
1	物料名称	—	干玉米秸
2	物料含水率	%	21
3	株高	mm	2 355
4	株径	mm	33
5	试验电压	V	393
6	负荷程度	%	106
7	切草长度	mm	12
8	操作人数	人	3
9	样机调整	—	按使用说明书要求调整

农业部农机鉴定总站牧机鉴定站检验报告

№＊＊＊

3. 检验结果　　　　第 4 页共 5 页

项目类别		检验项目		单位	合格指标	检验结果	单项判定
类	项						
A类	1	单位草长千瓦小时产量		kg/(kWh・mm)	≥28	28.2	合格
	2	主要零部件	刀轮裂纹	—	无裂纹	符合要求	合格
			刀轮静平衡(级)		≤G16	G11	
			项次合格率	%	≥90	91	
B类	1	破节率		%	≥60	—	—
	2	标准草长率		%	≥85	88	合格
	3	纯工作小时生产率		kg/h	≥2 400	4 369	合格
	4	刀刃线速度		m/s	17～20	19.7	合格
	5	轴承温升		℃	≤25	13	合格
	6	动刀片间质量差		%	≤刀片实际质量±2	1	合格
C类	1	装配完整性		—	总装后，转动部分应灵活；各连接件、紧固件不得有松动现象	符合要求	合格
	2	喂入辊性能		—	应转动灵活、单边喂入不得有卡滞现象	符合要求	合格
	3	离合器离合性能		—	操作灵活，结合正确，分离彻底	符合要求	合格
	4	机器运转性能		—	运转正常、平稳、不得有异常声音；操纵装置灵活可靠	符合要求	合格
	5	物料抛送距离		m	4～6(设计值)	5.7	合格

4. 综合判定结果

项目类别	允许不合格项次	检验不合格项次	综合判定结果
A	0	0	合格
B	1	0	
C	2	0	

报告编写人：　　　　　　报告校核人：

年　　月　　日

【任务巩固】

试验大纲是试验的指导性文件和依据。包括试验目的、试验项目、试验条件、试验方法以及数据处理的方法等。试验条件要符合试验大纲规定的要求,要具有代表性。

田间试验,要选好试验地,做好试验地的区划,所选试验地应具有代表性。土壤质地、地块大小、地表起伏、植被情况都能代表该地区的基本特征,并能满足试验的要求。制定抽样方案,按标准和大纲的要求对机组进行认真调整,并达到试验要求。试验人员要熟悉试验内容和试验方法,技术熟练,经验丰富,要有处理突发事件的能力,试验要有安全防护措施的准备。试验中必须认真观测和记录试验大纲规定的试验项目的各项数据和指标。

一般试验内容包括技术测定、性能试验和生产试验。技术测定一般指对样机零件尺寸、安装尺寸以及整体参数的测定。

性能试验一般指对样机动态情况下的试验测定,不同的机械有不同的试验项目。

生产试验又分为生产考核和生产查定。生产考核一般指样机在实际生产情况下在规定作业量和规定作业时间内,测定机组的班次作业量、作业时间、能源消耗、使用可靠性、调整方便性、时间利用率、作业效率、故障率等技术经济指标,测定样机主要零件的磨损,变形和损坏的情况。生产查定的时间一般不应小于 3 个班次,每个班次不小于 6 h 的作业时间,主要记录每个班次内各类时间的消耗,作业量以及能源消耗。

农机零件检验的作用主要是对零件进行堪用性划分,如堪用、待修、报废。确定零件失效形式和失效程度。确定修理工艺、措施、方法、深度。保证维修质量,降低维修成本。

农机零件检验的主要内容包括表面损伤类型和损伤程度,包括形状、尺寸、位置精度,隐蔽缺陷,动平衡性,密封性,物理力学特性。

检验与鉴定工作的基本原则:在质量不受影响的基础上,对机械零件的检验和鉴定时间进行最大限度的缩短,促使机械的使用率得到有效提高。在检验和鉴定过程中,需要严格结合相关的技术要求以及保养修理规范来进行,对那些能用、需要修理以及报废的零部件来进行科学区分。结合具体情况,对检验鉴定方法进行科学选择,这样才可以得到更加准确的鉴定结果。完成了检验鉴定工作之后,需要对保养方法进行合理确定,在这个过程中,需要严格结合相关的技术规范要求来进行,并且将保养技术条件和经济效果充分纳入考虑范围。

(一)感观检验法

这种方法不需要借助相关的仪器或者测量工具,只需要将检验人员的直观感觉以及经验来充分利用起来即可,对零件的技术状况进行鉴别,如果零部件有着较为明显的缺陷,并且不需要较高的精度,那么就可以采用此种方法。这种方法属于定性分析的范畴,通常在这之后,还需要借助仪器定量测试法。①目测法:指的是在观察零件时,利用的是肉眼或者一般放大镜,对它的损坏磨损程度进行有效确定。②耳听法:指的是在对零部件的技术状况进行判定时,工作人员对人为敲击时发出的声响进行判断。如果在对零件进行敲击时,有清脆的声音发出,那么就说明本零部件是完好的;如果有沙哑沉闷的声音发出,那么就说明有裂纹等问题存在于零件中。③触觉法:指的是工作人员用手来对零件表面进行触摸,对零件表面磨损痕迹的深浅程度进行科学确定,对它的磨损量进行粗略判断。为了判断是否有松动或者间隙情况存在于零部件中,就需要对那些动配合件进行晃动或者转动。零部件刚刚工作之后，也可以用手去触摸它的温度，来对它的工作状况进行科学判断。.

(二)仪器检验法

在农业机械零部件检测与鉴定工作中，经常用到的一种方法就是仪器校验法，这种方法指运用相关的仪器和仪表，利用先进的科学技术，科学地检验零件。这种方法精度较高，需要相关的检验人员具有较高的技术水平，可以熟练操作这些检验工具。通常需要检验以下内容：

检验零件的尺寸，只需要利用一些通用量具或者专用工具，就可以有效测量尺寸，如在对长度尺寸进行测量时，就可以通过测长仪来实现。在对角度尺寸进行测量时，可以利用测角仪以及万能角度尺来实现。在对厚度进行测量时，就可以借助于放射性仪器来完成。校验零件几何形状，主要是对几何形状误差进行检验，比如在对阶梯轴的同轴度进行检测时，可以利用自准仪来实现，圆度可以通过圆度仪来进行测量，而表面粗糙度则可以利用光波干涉法、针触法以及激光法来实现。还有就是密封性检验，通常利用压力传感器来对零部件的气密性或水密性进行检查。

(三)探测检验法

在对零件的隐蔽缺陷或细微裂纹进行检测时，需要用到探测检验法。结合零件对校验方法进行合理选择。比如可以将油浸振动法应用到发动机曲轴的检验过程中，在检查之前，需要把零件在柴油或者煤油中浸入一定时间，之后将其取出，并且将表面擦干净，将白粉撒上去，用小锤来对零件的非工作面进行轻轻敲击，就会出现黄色浅痕。此外，还可以应用超声波无损探伤仪，但因仪器较为昂贵，会提高检验和鉴定成本。

随着时代的进步和社会经济的发展，我国农业机械现代化程度越来越高，需要对农业机械零件的检验和鉴定工作产生足够的重视。要结合具体情况，对农业机械零部件的校验和鉴定方法科学选择，结合检验结果，选择科学的保养维护方法，促使农业机械更好地投入生产当中。无损探伤是在不损坏工件或原材料工作状态的前提下，对被检验部件的表面和内部质量进行检查的一种测试手段。常用的探伤方法有：X 光射线探伤、超声波探伤、磁粉探伤、渗透探伤、涡流探伤、γ 射线探伤等方法。物理探伤就是在不产生化学变化的情况下进行无损探伤。

(四)无损探伤检测

无损探伤检测是利用物质的声、光、磁和电等特性，在不损害或不影响被检测对象使用性能的前提下，检测被检对象中是否存在缺陷或不均匀性，给出缺陷大小、位置、性质和数量等信息。与破坏性检测相比，无损检测有以下特点。第一，具有非破坏性，因为它在做检测时不会损害被检测对象的使用性能；第二，具有全面性，由于检测是非破坏性的，因此必要时可对被检测对象进行 100％的全面检测，这是破坏性检测办不到的；第三，具有全程性，破坏性检测一般只适用于对原材料进行检测，如机械工程中普遍采用的拉伸、压缩、弯曲等，破坏性检验都是针对制造用原材料进行的，对于成品和在用品，除非不准备让其继续服役，否则是不能进行破坏性检测的。而无损检测因不损坏被检测对象的使用性能，所以它不仅可对制造用原材料，各中间工艺环节直至最终产成品进行全程检测，也可对服役中的设备进行检测。

①焊缝表面缺陷检查：检查焊缝表面裂纹、未焊透及焊漏等焊接质量。②内腔检查：检

查表面裂纹、起皮、拉线、划痕、凹坑、凸起、斑点、腐蚀等缺陷。③状态检查:当某些产品(如蜗轮泵、发动机等)工作后,按技术要求规定的项目进行内窥检测。④装配检查:当有要求和需要时,使用工业视频内窥镜对装配质量进行检查。装配或某一工序完成后,检查各零部组件装配位置是否符合图样或技术条件的要求,是否存在装配缺陷。⑤多余物检查:检查产品内腔残余内屑、外来物等多余物。

任务 2　农业机械购置补贴

【任务目标】

1. 了解农机购置补贴的有关规定及主要管理制度。
2. 掌握农机购置补贴的操作流程。

【任务准备】

农机购置补贴政策是中央"两减免、三补贴"重要支农惠农政策之一。实施农机购置补贴的现实意义主要体现在三个方面:第一,在社会主义市场经济条件下,农民已成为农业机械投资的主体。现阶段农民对农业机械需求迫切,但有效购买力不足。对农民购置农业机械给予补贴,可以减少农民购机的一次性投入,从政策上直接给予农民实惠,让有机户有钱挣,让无机户有机用,共同利用农机脱贫致富,让农民充分享受现代农业工具带来的文明成果。第二,农民对新型农业机械的接受需要有一个认识过程,需要政府投入一定补贴资金加以引导、示范和推广,扶持和鼓励农民使用新型先进适用的农业机械。第三,购机补贴可以有效地培育农业生产服务主体,有力地推动农机大户和农机作业服务组织的发展,不断地完善和创新农机化发展机制,增加农业生产科技含量,增强农业综合生产能力,促进农村劳动力转移,发展农村经济,加快农业机械化发展,推进农业现代化和社会主义新农村建设进程。

为鼓励和支持农民使用先进适用的农业机械,加快推进农业机械化进程,提高农业综合生产能力,促进农业增产增效、农民节本增收,中央财政设立农业机械购置补贴专项资金。为加强补贴资金管理,提高资金使用效益,根据财政农业专项资金管理有关办法,制定《农业机械购置补贴专项资金使用管理暂行办法》。

农机补贴专项由财政部和农业农村部共同组织实施,指导地方各级财政部门和农机管理部门组织落实。各级农机和财政部门应根据职责分工,加强协调,密切配合。财政部门的主要职责是落实补贴资金预算,及时拨付补贴资金,对资金的分配使用进行监督检查等。农机管理部门的主要职责是具体负责补贴专项的组织实施和管理,包括编制实施方案、制定补贴机具目录和组织开展购机申请、审核、登记、公示等。

(一)补贴资金的使用应遵循公开、公正、农民直接受益的原则

公开,指补贴政策、办法公开,补贴资金操作过程透明。通过公示、公布等多种形式使农民充分了解补贴政策等信息。

公正，指资金分配、补贴机具目录、补贴对象确定等全过程公正。按照事先公布的优先补贴条件，公正确定享受补贴的农民名单，并在县或乡镇范围内公示，接受监督。

农民直接受益，指保证补贴资金全部补贴到农民，做到资金到位，机具到位，服务到位，使补贴的农业机械切实在农业生产中发挥作用，确保农民受益。

(二)补贴的对象、标准和种类

(1)补贴对象是符合补贴条件的农民(农场职工)和直接从事农业生产的农机服务组织。

(2)中央财政资金的补贴标准:按不超过机具价格的30%进行补贴。

(3)补贴的农业机械应符合国家农业产业政策、农业可持续发展和环境保护的要求，且经农机鉴定机构检测合格。重点补贴:大中型拖拉机等农用动力机械;农田作业机具，主要包括:耕整、种植、植保、收获和秸秆还田等机具;粮食及农副产品的产后处理机械;秸秆、饲草加工处理及养殖机械。

(三)补贴资金的申报与下达

(1)根据中央财政年度预算安排、国家农业和农业机械化发展规划、阶段性工作重点及各地的需求状况，农业农村部、财政部制定并下达年度《农业机械购置补贴专项实施方案》，确定国家年度补贴机具种类、实施范围、补贴资金额度、工作进度及要求等。

(2)各省、自治区、直辖市、计划单列市和新疆生产建设兵团(以下简称省、区、市)根据《农业机械购置补贴专项实施方案》，组织编制本辖区的年度《农业机械购置补贴资金使用方案》，确定实施县名单、资金配置、补贴机具种类、工作进度安排等，由省级财政部门、农机主管部门联合上报财政部、农业部。

(3)农业农村部、财政部对《农业机械购置补贴资金使用方案》进行审核和批复。财政部将中央财政补贴资金直接拨付到省级财政部门。各省、区、市按照农业农村部、财政部的批复要求和本办法规定组织实施。

(四)补贴资金的发放程序

(1)年度补贴机具须根据《农业机械购置补贴专项实施方案》，采取竞争择优筛选的方式确定，形成年度补贴机具目录。各省、区、市年度补贴机具目录需报农业农村部备案。

(2)各省、区、市的年度补贴专项实施范围、补贴机具目录、申请程序和相关要求等，应通过媒体及乡村公告等形式，及时向农民公布。

(3)实施区内的农民购买补贴机具时，须通过乡镇农机管理机构向县级农机主管部门提出申请，并填写购机申请表。

县级农机主管部门根据《农业机械购置补贴资金使用方案》和优先补贴条件进行审查，确定购机者名单和数量，经张榜公示后，与购机者签订购机补贴协议，并报省级农机主管部门和同级财政部门备案。

(4)省级农机主管部门根据汇总结果，统一与供货方协商确定供货事宜，并报省级财政部门备案。

(5)购机者购机时应向供货方提交购机补贴协议，并按扣除补贴金额后的机具差价款交款提货，供货方出具购机发票。县级农机主管部门应根据购机者的需求，提供相应地组织协调服务工作。县级农机主管部门应对本辖区购机情况进行核实，并将核实结果报省级农机主管部门。

(6)供货方凭补贴协议和发票存根定期向省级农机主管部门提出结算申请。

省级农机主管部门核实无误后，出具结算确认清单，并向省级财政部门提出结算申请。省级财政部门在接到申请后10个工作日内，予以审核并与供货方结算补贴资金。

(五)管理与监督

(1)地方各级财政部门要积极支持和参与补贴资金落实和监督工作，增加资金投入，并保证必要的组织管理经费。

(2)补贴资金必须专款专用，不得挤占、截留、挪用。各级农机主管部门应建立和落实工作责任制，加强对资金使用情况的管理和检查，自觉接受财政、审计部门的监督。

(3)县级农机主管部门应对已购补贴机具及时进行登记、编号，建立购机补贴档案，并负责在机具显著位置做出国家补贴机具和编号的统一标记。档案内容包括：购机者姓名、身份证号码、地址、联系方式、机具型号、购置数量、补贴金额及机具编号等。

省级以上农机主管部门应分别建立购机补贴档案库，实行计算机管理。

(4)各级农机主管部门和财政部门应对购机补贴情况进行跟踪检查，督促供货方做好售后服务，为购机者提供技术、信息等服务，切实让农民得到实惠。

(5)享受补贴购买的农机具，原则上两年内不得转卖或转让。

(6)省级农机主管部门会同财政部门在当年11月底前将补贴资金使用情况及购机补贴电子档案资料报农业农村部和财政部。

【任务实施】

1. 农机购置补贴资金的发放程序

学生以小组为单位，填写农机补贴申请表。

2. 农机主管部门对已购补贴机具进行补贴档案登记管理

学生以小组为单位，填写补贴机具网络数据平台。

【任务巩固】

农民用户在提交《农机购置补贴申请表格》之前要先到本县农机局或者本省农业机械化信息网站了解补贴目录及相关补贴政策。根据本省申请条件，确定自己需要购买的农机具型号，到当地农机管理部门申请农机购置补贴。

(一)填写申请表格

用户需本人亲自到当地县(乡)级农机管理部门申请，填写申请表格。同时需要提交的资料包括：本人有效身份证及复印件；承包者本人有效身份证及复印件、承包证明；农机专业服务组织提供工商登记证书及公章。注：因各地差异，具体需要提供哪些资料请咨询当地农机管理部门。

(二)审查并公示

农机管理部门受理申请后经过县级审核、市级评审和审批，市、县公示7天无异议后由县级农机主管部门签字盖章后把表格直接还给申请者本人。注：取表时注意查看一下表格是否填写完整，是否盖章。

(三)购买机器

用户在申请表的有效期内凭申请表和本人身份证到经销点购买农机具,付给经销商扣除补贴金额后的款项。拿到机具后要在申请表上签字,自己留一份,其余给经销商,并索取补贴机具的销售发票。

(四)登记入户、核发牌证

县农机管理部门要对用户提交的材料、补贴机具品种牌型和价格等进行核实。经核实无误的,按照相关规定对补贴机具进行编号和在机具显著位置喷涂标志,用户要积极配合完成,并登记入户,领取牌证。

(五)补贴金额结算

补贴结束后,经销商与农机局核对数据无误后向省财政厅提交结算申请,一经批准即可到省财政厅领取补贴款。

黑龙江省 2018—2020 年农机购置补贴机具种类范围

(11 大类 20 个小类 38 个品目)

1. 耕整地机械

1.1 耕地机械

1.1.1 铧式犁

1.1.2 旋耕机(只含水田搅浆平地机)

1.1.3 深松机

1.2 整地机械

1.2.1 圆盘耙

1.2.2 联合整地机(带深松功能)

1.2.3 驱动耙

2. 种植施肥机械

2.1 播种机械

2.1.1 穴播机(4 行及以上)

2.1.2 小粒种子播种机

2.1.3 根茎作物播种机

2.1.4 免耕播种机(2 行及以上)

2.2 栽植机械

2.2.1 水稻插秧机(4 行及以上)

2.2.2 秧苗移栽机(含甜菜移栽机、水稻钵苗移栽机、水稻抛秧机和油菜栽植机)

2.3 施肥机械

2.3.1 施肥机(含水稻测深施肥装置)

2.3.2 撒肥机

3. 田间管理机械

3.1 植保机械

3.1.1 自走式喷杆喷雾机(50 马力以上,四轮驱动、四轮转向)

4. 收获机械

4.1 谷物收获机械

4.1.1 自走轮式谷物联合收割机

4.1.2 自走履带式谷物联合收割机(全喂入)

4.1.3 半喂入联合收割机

4.2 玉米收获机械

4.2.1 自走式玉米收获机(4 行及以上)

4.2.2 自走式玉米籽粒联合收获机(4 行及以上)

4.2.3 穗茎兼收玉米收获机(4 行及以上)

4.2.4 玉米收获专用割台

4.3 根茎作物收获机械

4.3.1 薯类收获机

4.4 饲料作物收获机械

4.4.1 搂草机

4.4.2 打(压)捆机

4.4.3 青饲料收获机

4.5 茎秆收集处理机械

4.5.1 秸秆粉碎还田机

5. 收获后处理机械

5.1 干燥机械

5.1.1 谷物烘干机

6. 农产品初加工机械

6.1 剥壳(去皮)机械

6.1.1 玉米剥皮机(只含鲜食玉米剥皮机)

7. 农用搬运机械

7.1 装卸机械

7.1.1 抓草机

8. 畜牧机械

8.1 饲料(草)加工机械设备

8.1.1 饲料制备(搅拌)机

8.2 饲养机械

8.2.1 清粪机

8.2.2 粪污固液分离机

9. 农业废弃物利用处理设备

9.1 废弃物处理设备

9.1.1 病死畜禽无害化处理设备

10. 动力机械

10.1 拖拉机

10.1.1 轮式拖拉机(不含皮带传动轮式拖拉机,45 马力及以上)

10.1.2 履带式拖拉机(100 马力及以上)

11. 其他机械

11.1 养蜂设备

11.1.1 养蜂平台

11.2 其他机械

11.2.1 农业用北斗终端(含渔船用)

任务 3 农业机械合作社

【任务目标】

1. 认识农机合作社服务作用。
2. 掌握农业机械社会化服务组织建立流程。

【任务准备】

大力推进农机社会化服务,是构建“集约化、组织化、专业化、社会化”相结合的新型农业经营体系的重要支撑,是解决农业生产“谁来种、种什么、怎么种”重大问题的现实途径,是实现农业机械化“全程、全面、高质、高效”发展的必然要求,对加快建设中国特色农业现代化具有重要意义。

农机社会化服务的根本目的是满足农业生产和农民需求、提高机具使用效率;农机社会化服务的关键举措是强化政策扶持、培育壮大服务主体;农机社会化服务的不竭动力是改革创新、不断完善服务机制;农机社会化服务的有效途径是典型示范带动、鼓励多种服务方式发展;农机社会化服务的重要保障是依法规范发展、营造公平竞争的市场环境;农机社会化服务的发展目标是农机社会化服务的市场主体进一步壮大、服务领域进一步拓展、服务质量进一步提升、服务效益进一步提高,推动农业机械化“全面、全程、高质、高效”发展。力争到 2020 年,全国拥有农机原值 50 万元以上的农机大户及农机服务组织的数量、全国农机化经营总收入均比 2010 年翻一番。

农机社会化服务主要任务有以下 4 个方面:

1. 培育新型农机社会化服务主体

建立以财政资金为引导,农民个人、农业生产经营服务组织投资为主体,社会其他投资为补充的多渠道、多层次、多元化投入机制，扶持发展新型农机社会化服务主体。扶持农机户发展成为农机专业户，引导农机户和农户采取带机具、土地、资金、技术入社等多种方式创建农机合作社等服务实体。鼓励一部分具有实力的农机合作社流转承包土地，开展包括粮食烘干、农产品加工等在内的“一条龙”农机作业服务项目，成为既提供农机作业服务又从事农业生产经营的市场主体。积极推动农机服务主体开展横向联合与纵向协作，成立农机合作社联社、股份制作业公司、区域性农机服务中心、农机租赁公司等。

2. 构建新型农机社会化服务体系

以农机户为基础，农机服务组织为主体，农机中介服务为纽带，农机作业、维修、供应、中介、租赁服务为主要内容，政府支持服务为保障，建立起“覆盖全程、服务全面，机制灵活、运转高效，综合配套、保障有力”的新型农机社会化服务体系。培育农机作业市场，通过跨区作业、土地托管等服务模式，鼓励各类农机服务市场主体为其他农业生产者提供低成本、便利化、全方位、高质量的农机作业服务。培育农机维修市场，加快构建布局合理、服务规范、便捷高效的农机维修服务网络。培育农机供应市场，优化市场布局，发展连锁经营和电子商务，健全遍布城乡的农机零配件供应网络。发展农机中介服务，开展跨区作业信息咨询和机具调度，为农机服务供需双方搭建沟通桥梁。发展农机租赁服务，满足农民对农机的利用和投资需求。

3. 完善新型农机社会化服务机制

按照服务专业化、运行市场化、服务品牌化的要求，通过市场机制合理配置生产要素，建立起“产权清晰、权责明确、管理科学、诚信高效”的运行机制，充分发挥农机服务组织的生产潜力和经营活力。将国家对农机合作社的投入量化到每位入社成员，并按贡献进行分红，建立起合理公平、效率优先的分配机制，充分调动每一位社员的积极性、主动性和创造性。尊重社员参与管理的民主权利，将每个农机合作社建设成为自主决策、利益共享、风险共担、自我发展的利益共同体和命运共同体。

4. 培养新型农机社会化服务人才

按照“政策扶持、多元投入、按需施教、注重实效”的原则，切实加强农机实用人才队伍建设。实施阳光工程农机培训，加强农机职业技能鉴定，开展职业技能竞赛活动，培养造就一大批既精通农机驾驶、维修技术，又懂农业、农艺栽培技术的新型农机手。充分利用高等院校、农机企业等各类培训资源，重点加强农机合作社等农机服务组织领头人的培训，使之成为既懂生产又善管理的新型农机职业经理人。争取优惠政策，吸引大中专毕业生、专业技术人员等扎根农村、投身农机化，为农机社会化服务提供人才支撑。

【任务实施】

1. 学生以小组为单位，设计规划农机服务中介。
2. 学生以小组为单位，设计规划农机服务网站。

【任务巩固 1】

农机合作社是依法成立的以农机服务为主的农民专业合作社。以服务成员为宗旨，遵循着“入社自愿、退社自由”的原则为合作社成员和其他个人或团体提供服务的组织。其成立目的是共同探索农机发展方向，扩大农机发展规模，提高农机经济效益。

农机合作社成立的条件有以下相关规定：

1. 有5名以上成员

要求为具有民事行为能力的公民，以及从事机械化生产作业等生产经营活动的企业、事业单位或者社会团体，能够利用农机合作社提供的服务，承认并遵守农机合作社章程，履行章程规定的入社手续的，可以成为本社的成员。具有管理公共事务职能的单位不得加入本社。农机合作社的成员中，农民至少应当占成员总数的80%。成员总数20人以下的，可以有一个企业、事业单位或者社会团体成员；成员总数超过20人的，企业、事业单位和社会团体成员不得超过成员总数的5%。

2. 有符合法律规定的章程

农机合作社章程中需写明该社由哪些人发起、什么时间成立、合作社名称、成员出资总额、法定代表人、住所、邮编等信息。

3. 明确主要业务内容

组织机械化生产、收割和农产品初加工，土地流转及托管，为合作社成员提供信息、技术、维修、培训、咨询等服务。

4. 财务与财产分配

本社成员可以用货币出资，也可以用农机具等实物、技术或其他财产权利作价出资。作价出资须由全体成员评估。作价出资与货币出资享有同等权利和承担相同义务。每位成员出资额不得超过本社出资总额的20%，农机作业服务成员的出资额应当占本社出资总额的50%以上。农机合作社对由成员出资、公积金、国家财政补助、他人捐赠以及合法取得的其他资产所形成的财产，享有占有、使用和处分的权利，并以上述财产对债务承担责任。农机合作社每年提取的公积金，按照成员的出资、作业量或交易量(额)依比例量化为每个成员所有的份额。国家财政补助、他人捐赠所形成的财产平均量化为每个成员所有的份额，作为可分配盈余依据之一。组织实施国家支持的农业和农村经济建设项目、兴办与本社相关的经济实体，以本社全部资产承担责任。

5. 法律规定的组织机构

农机合作社设立成员(代表)大会、理事会、监事会。成员(代表)大会是本社的最高权力机构，由全体成员组成。理事会是本社的执行机构，理事由成员大会选举产生。理事会由5名成员组成，设理事长1名，副理事长1名。理事长和理事会任期3年，可连选连任。监事会(或者执行监事1名)，代表全体成员监督检查理事会和工作人员的工作。

工商行政管理部门是农民专业合作社登记机关。

提交文件。设立登记申请书；全体设立人签名、盖章的设立大会纪要；全体设立人签名、盖章的章程；法定代表人、理事的任职文件和身份证明；载明成员的姓名或者名称、出资方式、出资额以及成员出资总额，并经全体出资成员签名、盖章予以确认的出资清单；载明成员的姓名或者名称、居民身份证号码或者登记证书号码和住所的成员名册，以及成员身份证明；能够证明农民专业合作社对其住所享有使用权的住所使用证明；全体设立人指定代表或者委托代理人的证明。

营业执照签发日期为农民专业合作社成立日期。

【任务巩固 2】

农机专业合作社安全生产管理制度

(1)农机驾驶、操作人员必须接受农机监理部门的安全管理。

(2)新购农业机械,必须及时到监理部门办理入户手续。

(3)未按规定参加检审或检审不合格的农业机械及驾驶操作人员,不准使用或驾驶、操作机械。

(4)农业机械投入作业前,应进行检查、保养、紧固、调试,达到良好技术状态,不准驾驶、操作安全装置不全或机件失灵的农业机械。

(5)不准把农业机械交给无证人员驾驶、操作,严禁年老体弱、不满十六周岁的人员驾驶、操作农业机械。

(6)不准酒后驾驶、操作农业机械。

(7)严禁随意改装农业机械或改变农业机械结构。

(8)拖拉机通过村镇要低速慢行,要防止行人和儿童追车、扒车。

(9)拖拉机上道路行驶时,不准超速和违章载人,必须遵守道路交通管理有关规定。

(10)农业机械在进行田间作业或其他作业时,必须遵守相关安全规定。

模块三

农业机械机组

项目1

农业机械机组编组

【项目描述】

农业机械化生产的各项作业一般以机组为单位来完成,农业机械也主要以机组的形式来运行和管理。机组是指在一定条件下具有一定作业任务和期限的动力系统(如拖拉机或发动机)、传动系统、作业系统(如配套农机具及操纵系统)的有机组合。

任务1 农业机械机组的主要性能指标

【任务目标】

1. 认知机组性能指标。
2. 掌握典型配套机组。

【任务准备】

农用机组按照机组在作业时是否移动的特点,可分为移动式和固定式两种机组。移动式机组的典型代表是在农业生产中占有重要地位的拖拉机机组。按照机械作业部件的驱动方式可分为:用拖拉机的发动机驱动的机组、用作业机械的行走轮驱动的机组及用自身发动机驱动的机组。按照作业机械与动力机械的连接方式可分为:牵引式、悬挂式和自走式。按照机组作业幅宽的大小可分为:宽幅机组和窄幅机组。按照机械作业部件相对于机组纵向中心线位置可分为:对称式和非对称式机组。按照机组的速度范围可分为:低速机组和高速机组。按照完成作业种类可分为:耕地机组、播种机组、收获机组等。按照机组一次作业完成工序的多少可分为:单式作业机组、复式作业机组、联合作业机组及通用作业机组。农业生产中应用最多的是以拖拉机为动力的机组,如拖拉机配套铧式犁形成移动式机组,配套旋耕机则为驱动型机组,配套播种机则为播种机组。

一、拖拉机的技术性能

1. 通过性

为了保证拖拉机在农事要求的时间内，在不同土壤条件下顺利地工作，就必须有良好的通过性，评定拖拉机通过性的主要性能指标有对土壤的比压、离地间隙和农艺间隙等。①对土壤的比压是拖拉机的轮子或链轨作用在土壤单位面积上的垂直压力。随着比压的增加，拖拉机轮辙加深，滚动损失增加，会加重对土壤的结构破坏，影响作物生长。为了减小行走装置对农田土壤的破坏，应避免在土壤水分较大的情况下作业，并采取一些技术措施减小机器在田间的行走次数。②离地间隙是指拖拉机底部距地面的最小间隙，它是表明拖拉机垂直通过性的一个指标。③农艺间隙是指拖拉机轮子在作物行间，其轮子的内轮边缘与作物苗之间的水平距离，也可称护苗带宽度，它表示拖拉机进行行间作业的水平通过性。为了保证拖拉机进行行间作业时不损伤作物，拖拉机的前后轮轮距是可以调节的。

2. 直行稳定性

在播种、起垄、行间中耕等项作业中，要求拖拉机走得很直，这样在行间作业时才不会伤苗。直行稳定性的指标可以用行走方向的偏差值或机具工作部件的最小护苗带宽度来表示。机组的直行稳定性与拖拉机的构造因素、转向机构的使用调整、拖拉机与农具的正确挂接、驾驶员的操作技术以及田间土壤条件等因素有关。

拖拉机还有与工作维护、安全生产和劳动条件等有关的一些性能，如工作方便性、维护的简便性、作业安全性、对驾驶操作人员的劳动保护性等。

二、农机具的技术性能

1. 使用的可靠性和耐久性

指农具的结构和强度是否可靠耐久，故障少，不易变形，不易腐蚀，工作刃口不易磨损等。它直接影响到农机具作业时的工作质量和作业成本。

2. 运输方便性

指农机具通过道路和桥梁的能力，牵引农具拆装轮爪或更换运输轮的简易方便程度。

3. 使用的安全性

农机具的挂接是否安全可靠，安全防护装置的设置是否齐全合理，操纵是否便捷安全等。

三、机组的技术性能及要求

机组的技术性能是指拖拉机与配套农机具结合组成作业机组后，反映出来的机组性能指标。

1. 机组生产率

机组在单位时间内完成的工作量称为机组生产率。包括机组的理论生产率，机组的技术生产率，机组的实际生产率。

2. 机组作业成本

以机组为对象计算的完成单位作业量(m^2、h、t·km 等)应负担的各项费用的总和,即支付机器作业过程中的活劳动费用和物化劳动费用总和,如单位面积燃油消耗量,润滑材料的消耗量,劳动量消耗等。一般情况下,作业成本包括油料费、工资、日常维修费、大修提存费、折旧费和管理费。

3. 带举升装置的拖拉机机组主要性能要求

10 min 内举升货叉下滑值不应>20 mm,门架自倾角≤0.5°;超载 10%举升量时,门架起升系统、液压系统无泄漏及异常现象;最大起升高度允许偏差为+1.5%;400 h 可靠性试验,无故障时间不应低于 60 h。

4. 带装载装置的拖拉机机组主要性能要求

机组最大提升能力不应小于额定提升能力;卸载高度、卸载距离与制造厂规定值的误差不高于±5%;停机时,动臂油缸的静沉降量不应大于 150 mm/h;400 h 可靠性试验,无故障时间不应低于 60 h,机能率不小于 70%。

【任务实施】

1. 拖拉机技术性能分析

对比拖拉机型号与不同种植作物的技术性能适应性。

2. 农具技术性能分析

对比不同型号农具的技术性能适应性。

任务 2 农业机械机组配套

【任务目标】

1. 认识农业机械机组配套原则。
2. 掌握农业机械机组配套方法。

【任务准备】

机组配套要使机组达到"高效、优质、低耗、安全、适时"的目的,根据各种农业作业的需要,利用已有的动力与作业机具合理地编制成各式牵引机组、悬挂机组、牵引同时驱动工作部件的机组或固定机组。配套的机组应满足农艺要求,满足农时要求,满足高效低耗的要求,满足便于操作使用、安全可靠的要求。

配套情况:农机具型号已定,只能根据运用条件,在定型机具的性能范围内,选择机组较适宜的幅宽和速度;农机具型号未定,需要选型或研制。根据机具的性能,确定合理的作业速度和作业幅宽。

1. 连接尺寸的配套性

拖拉机工作装置与配套农具的连接技术规格应当一致,尺寸协调。

2. 动力参数的配套性

拖拉机的牵引力、动力输出轴动力、工作挡位速度应当与农具的工作阻力、机构强度、作业性能指标相适应。

3. 安全操控的可控性

拖拉机的转向操纵性、轮胎承载能力和悬挂提升能力与农具质量的协调性。

4. 作业质量的可控性

拖拉机的轮距、轮胎宽度与农具相协调。

机组配套常规:为保证拖拉机在道路行驶时有可靠的操作性能,保留在拖拉机前轴上的安全静载荷不能小于拖拉机最小使用质量的 20%。为避免后轮胎超载的农具最大质量,后轮承载能力×前轮距离=农具质量×农具质心到前轮距离。液压悬挂系统的提升能力,根据农具的质心位置、质量和农具悬挂最大质量匹配曲线确定。

【任务实施】

1. 播种机组配套检验

根据现场拖拉机型号与播种机数据,分析配套合理性。

2. 旋耕机机组配套检验

根据现场拖拉机型号与旋耕机数据,分析配套合理性。

【任务巩固】

一、编组计算

主要的评定指标是机组小时生产率、亩耗油、亩成本和作业质量。根据当地农业技术要求,选择作业速度和农具幅宽。

主要基础设计条件为拖拉机牵引力、标定牵引功率、工作速度、小时耗油量等标定功率最高的挡位。可用拉力计实测出当地土壤条件下农具的比阻,也可从有关资料中查得。通过计算求出各挡的作业幅宽及牵引力利用系数后,需进行对比选择。

对比指标主要是机组技术生产率及亩耗油等,应选用技术生产率最高和亩耗油最低的方案。

二、机组速度与幅宽的选择

1. 保证作业质量的原则

机组能达到的适宜速度与机具性能及加工对象属性有关。对于耕作作业应依据地面平整度调整速度,地平高速,地起伏低速。在地面较平整和杂草残茬较少的运用条件下,传统的犁、耙等耕作机具的速度提高到 7~8 km/h,高性能机具能达到 10 km/h。

在地块较小的条件下,为了少留地头地角,最好采用幅宽较窄的悬挂式或半悬挂式机组。在大地块条件下,宜采用宽幅机组,以减少地块上的压实面积比例和漏作、重作,当地面不平度较大时,宽幅机组由于对地面的仿形性差,宜采用窄幅宽机组。

割晒机组的幅宽要依据作物禾条的大小来确定。有些机组幅宽需要考虑前后工序之间的协调配合关系，如中耕作物的播种和田间管理作业机具的幅宽应该协调，即前者的幅宽应等于后者幅宽的整数倍。复式作业时，不同工序的农具幅宽一般应相等。

2. 标定马力小时生产率最大化

随着机组速度的提高，作业时间利用率将降低，农具比阻将增加。

机组幅宽大小影响机组工作行程率。另外，随着机组幅宽的增加，机组的阻力波动程度减小。

3. 降低单位作业成本

随着机组速度的提高和幅宽的增加，机械振动加剧，操作强度加大，高速机组对材料和制造工艺的要求都高，机器的技术状态容易恶化，亩耗油量提高。

项目 2 农业机械机组作业经济核算

【项目描述】

不同的机组配套方案存在着不同的效果，在农业机械化的生产实际过程中，不仅要满足农业生产需要的技术要求，同时又必须尽量节约所消耗的人力、物力和财力，因而也就存在生产上可行，而在技术先进性与经济合理性上相互竞争的多种机组作业方案。

生产可行性是机组配套技术方案择优的前提条件。农业生产在很大程度上依赖于自然条件，自然条件制约着农业，也制约着机组配套技术方案的实施。机组配套方案的选择，必须在可比条件下进行，如农机经营形式、农机性能和技术状态，农机作业对象和条件、作业质量要求、操作人员的技术水平都应基本相同；劳动报酬和增产的单价应统一。计算所选择的参数应一致，计算时间的长短应相同等。

机组配套方案的选择，要考虑农机具作为一种生产资源的利用问题，即投入的农机具与农产品产量或收入的关系问题；农业生产结构、部门配合或作物布局与农机具系统配备的经济效果问题；农业生产发展的规模速度与劳、畜、机的置换或相互替代的经济效果问题。

任务 1　农业机械机组作业生产率分析

【任务目标】

1. 认识农业机械机组生产效率影响因素。
2. 掌握农业机械机组生产率计算方法。

【任务准备】

农业机器在单位时间内按一定质量标准完成的作业量称为机器作业生产率。

(1)移动式机组的理论生产率(hm^2/h)＝0.1×机组的构造幅宽(m)×机组的理论速度(km/h)

(2)机组的理论班生产率(hm^2/班)＝理论生产率(hm^2/h)×每班时间(h)

(3)机组可选幅宽(m)$=\dfrac{\text{拖拉机挂钩牵引力(N)}}{\text{农机具的比阻(N/m)}}$

(4)机组的小时技术生产率(hm^2/h)=理论生产率(hm^2/h)×机组幅宽利用率×机组速度利用率×机组班次时间利用率

(5)机组幅宽利用率$=\dfrac{\text{有效幅宽}}{\text{构造幅宽}}$

(6)机组速度利用率$=\dfrac{\text{有效速度}}{\text{理论速度}}$

(7)机组班次时间利用率$=\dfrac{\text{班内纯作业时间}}{\text{班时间}}$

班时间 T 的构成项目:纯作业时间、田区内空行时间、工艺服务停车时间、检查调整停车时间、机器故障停车时间、技术保养时间、短途转移空运时间、组织不善造成的停车时间、自然条件造成的停车时间。

影响生产率的主要因素:发动机标定功率、发动机标定功率利用率、拖拉机牵引效率、作业时间利用率。

【任务实施】

1. 播种机组生产率分析

根据现场拖拉机型号与播种机数据,分析计算生产率。

2. 旋耕机机组生产率分析

根据现场拖拉机型号与旋耕机数据,分析计算生产率。

任务2 农业机械机组作业成本分析

【任务目标】

1. 认知机组作业成本构成。
2. 掌握机组成本分析方法。

【任务准备】

一、调查研究法

调查法包括普遍调查和典型调查。普遍调查一般利用现有统计、会计报表资料。典型调查则为补充资料的不足。首先要明确地提出机组的型号、作业目标,其次是调查机组实际应用地区特点以及作业效果。

二、比较分析法

将收集到的有关技术和经济方面的数据和资料加以整理分析。对比不同的同类机组,对同一作业经济效果。对比时应注意对比数据要满足需要的可比性、在消耗费用上的可比性、价格指标上的可比性、时间上的可比性等方面制约因素。

三、边际分析法

利用投入产出的原理,在一定的生产技术条件下,用生产资源的投入和产品的产出间的动态比率来反映机组的盈亏。当机械作业边际收益与机械作业成本均等或相当时,是最适合度。还可以依据完成同等工作量用机械操作代替畜力、劳力作业,求劳、畜、机作业最低费用的最佳配合比例来计算盈亏,运用边际替代率与它用的价格比的倒数相等的原理解决。

四、线性规划分析法

当诸种生产资源与各项生产技术措施均衡施加于生产时,在一定的产出水平内,资源的投入与产品的产出之间可视为线性关系,这种方法用以解决如何取得最低成本的资源配合方式,或最大资源利用的生产结构。

(1)求解的目标一般是求最大收益或最小成本,这两类问题可用数学形式表达为目标函数。

(2)为达到一定目标所存在的种种约束条件,如土地、资金、劳动等有一定限制的生产因素。

农业机械投资效果分析项目包括农业机械单位投资增加生产能力、农业机械单位投资额增加农产品产量(或产值)、投资节约额、投资回收年限。

【任务实施】

1. 播种机组成本分析

根据现场拖拉机型号与播种机数据,分析计算生产成本。

2. 旋耕机机组成本分析

根据现场拖拉机型号与旋耕机数据,分析计算生产成本。

【任务巩固】

机组作业成本构成包括油料费、工资、维修费、资金利息、折旧费和管理费。各项费用中油料费居第一位,其次是维修费。成本的分类有:变动成本,随年作业量而成比例变动;油料费、日常维修、大修费用等;固定成本,不随年作业量的多少而变化;折旧费、资金利息和管理费等。劳动报酬取决于计薪方式,如按工作量计酬,则计入变动成本,如按月计酬,则计入固定成本。计量单位一般用元/h、元/hm^2、元/(t·km)、元/t。

①机组作业技术成本(元/hm^2)$=\dfrac{\text{拖拉机小时费用}+\text{农具小时费用}}{\text{机组小时技术生产率}}$

②拖拉机的作业油料费(元/hm²)$=\frac{\text{拖拉机小时油料费}}{\text{机组小时技术生产率}}$

③拖拉机小时油料费＝拖拉机燃油价格×拖拉机作业小时燃油消耗量＋拖拉机润滑油费

④拖拉机润滑油费＝(0.1～0.15)×拖拉机燃油价格×拖拉机作业小时燃油消耗量

⑤单位作业量劳动报酬(元/hm²)$=\frac{n\ \text{拖拉机手工时费}+m\ \text{农具手工时费}}{\text{机组小时技术生产率}}$

式中：n——班作业拖拉机手人数；

m——班作业农机具手人数。

⑥机组作业维修费(元/hm²)$=\frac{\text{拖拉机小时维修费}+\text{农具小时维修费}}{\text{机组小时技术生产率}}$

⑦拖拉机小时维修费＝拖拉机价格×拖拉机小时维修费与拖拉机价格的比例系数

⑧直线折旧法计算的折旧费$=\frac{\text{机器的购买价格}-\text{机器残值}}{\text{机器使用寿命}}$

⑨拖拉机小时资金利息$=\frac{(\text{机器的购买价格}+\text{机器残值})\times\text{贷款年利率}}{\text{年作业小时}}$

拖拉机小时费用构成包括：拖拉机小时油料费、拖拉机手工时费、拖拉机小时维修费、年折旧费、拖拉机小时资金利息、拖拉机的小时管理费。

模块四

农业机械标准化作业

项目1 农业机械作业规划

【项目描述】

制定农业机械作业规划，需要将日常工作信息及时地进行收集、整理、分析、处理和系统化，实现各项工作的协调和有机配合，以准确地组织生产。认真搞好规划工作，不仅可减少农业机器停歇时间，提高机组的生产率，而且可以大大增加农业机器系统的经济效益。

任务1 制定农业机械作业计划

【任务目标】

1. 认识农业机械作业计划制定原则。
2. 掌握农业机械作业计划制定方法。

【任务准备】

农业机械年度计划一般由几个阶段性计划构成，即按农业生产阶段制定，如春耕阶段、春播阶段、中耕阶段、秋收阶段、秋整地阶段。

农业机械作业计划的制定，应根据现有机器的型号和数量，针对机械作业的负荷高峰阶段进行作业任务的分配，做到既不增加现有机器的数量，又能适时地完成机械作业任务。

(1)根据农业生产任务、农业技术要求，按农业生产过程列出全年农业生产过程作业日历表。根据全年作业日历表，绘制全年农业生产过程作业负荷图。

(2)根据农业生产任务和作业性质，进行人、机、畜力之间的任务分配，并列出全年机械作业日历表。根据全年机械作业日历表，编制全年机械作业总负荷图。

(3)根据农业技术要求和机械设备的特点，选定承担不同作业项目的机组，并计算出每项作业所需的机组数量和列出某机型的机械作业日历表。根据某机型的作业日历表，编制机组作业负荷图。

(4)为了提高机组的利用率，结合生产实际，调整机组作业负荷图的高峰和低谷，并着手编制拖拉机作业负荷图表。

制定农业机械作业计划注意事项。各机组中拖拉机作业量应最大化，可与跨区作业相协调。根据各机组的技术优势和机组人员的技术水平，合理调配任务量。机组作业应留有调整时间，确保技术保养维修计划的实施。分配任务留有余地，考虑自然气候的机具故障等原因的影响，确保任务完成，不违农时。

【任务实施】

1. 根据农业生产任务制定机组作业日历表

调查汇总生源地农机机组作业日历数据。

2. 根据农业生产任务制定全年机械作业日历表

调查汇总生源地农机全年机械作业日历数据。

想一想

1. 农业机械全年作业日历表包括哪些项目？
2. 本地区农业生产任务有哪些？

任务2 制定农业机械化生产工艺

【任务目标】

1. 认识农业机械化生产工艺制定原则。
2. 掌握农业机械化生产工艺制定方法。

【任务准备】

农业生产过程机械化工艺是为获得农业生产最佳效益，在完成农业生产全过程中所制定或选择的按一定序列组合的机械化技术手段的总称。农业机械化生产工艺的制定，应根据各地区自然气候条件、作物种类、品种、农业生产单位的生产规模、经济状况和经营管理形式的不同，因地制宜。农业机械化工艺的制定，既要满足农作物生产过程的需要，力求高产稳产，又要用较少投入，取得较好的经济效果，还要兼顾保持生态平衡、减少环境污染的要求。

农机技术和农艺技术要相互结合。农机是为农业作物服务的，坚持农机技术和农艺技术的相互结合，这是保证农业高产稳产的首要条件，也是制定或选择机械化工艺方案必须首先考虑和坚持的原则。

种植制度涉及轮作、复种、间作、套种、清种、直播、移栽、垄作、平作、畦作、厢作等内容，水利措施包括灌溉的方式、设施、规格等。

制定农业机械化工艺应以农业政策、整体发展规划为依托，充分考虑到保护生态环境积极选用有利生态环境的新机械化技术，只有这样选择的机械化工艺方案才能符合综合效益的要求。如保护性耕作的免耕，少耕技术，节水灌溉，简化栽培等。

(一)整体规划

根据各地区农业生产制度来确定机械化的作物种类,然后再依据生产单位的土地规模、经济条件、生产经营形式和当前农业机械化发展水平,初步制定农业机械化工艺的总体方案,主要是土地生产率、劳动生产率等。

(二)分析作物的相关农艺技术要求

根据作物的农艺技术要求,选择相适应的农业机械,主要从不同机械化方案中,对比分析技术经济指标,在进行对比分析时要注意方案之间的可比性,包括其内容、时间、价格、计算方法等的可比性,并注意兼顾方案产生的社会效益和生态效益。

(三)确定农业机械化生产工艺

主要包括作业序号、作业项目名称、作业面积、作业适期、作业天数、作业质量要求、机组型号等。

【任务实施】

1. 制定水稻机械化生产工艺

根据调查汇总,编写本地区水稻种植机械化生产工艺。

2. 制定玉米机械化生产工艺

根据调查汇总,编写本地区玉米种植机械化生产工艺。

【任务巩固】

小麦生产机械化工艺

1. 整体规划

本地区无霜期 82 天以上,≥5℃活动积温 2 000℃以上,年降水量 350 mm 以上,土壤肥沃,有机质含量 5%以上,耕性良好,地块平整,排水条件好,pH 5.5～7,可种植小麦。选择适应本地生态的优质、抗逆性强的高产强筋型品种。

2. 分析作物的相关农艺技术要求

小麦对土壤结构要求上松下实,要求整平耙细,地面平整,表土无大土块,耙层无大坷垃,每平方米直径大于 3 cm 土块不超过 3 个,达到待播状态。播种镇压后深度 3 cm 即可。播种深度误差不能超过 0.5 cm。播种密度应根据品种、地势和茬口而定。一般优质麦苗保苗 50 万～54 万株,提倡合理密植。依据每亩保苗株数、千粒重、发芽率、清洁率和田间保苗率(90%～95%)计算播量。播种要做到不重播、不漏播,深浅一致,覆土严密,播后及时镇压。割晒在蜡熟中末期进行,联合收获在完熟期进行。割晒放铺直,割幅一致,不塌铺,不掉沟,割茬高(20±2) cm,铺厚 6 cm,放鱼鳞铺,角度 45°左右,晒穗率在 80%以上,割晒损失率低于 1%。联合收获综合损失率应小于 3%,破碎率低于 1%。小麦进场后立即出风、清杂、晾晒,水分达到 14%以下及时入库。

3. 确定农业机械化生产工艺

秋耙地(耙深 10～12 cm),春涝地(封墒、平整、细碎),播种、施肥(播种深度镇压后 3～4 cm),压青苗(3 叶期、壮根、防倒伏),化学除草(灭草),喷叶面肥(增产、处早熟),机械收获(蜡熟期割晒、完熟期联合),晾晒、清杂(水分 14 个以下)。

项目 2

农业机械化作业标准

【项目描述】

农业机械必须保持良好的安全技术状态，才能安全、优质、高效、低耗地投入农业生产，农机户及时对农业机械进行保养和维修，以保持良好的安全技术状态，最大限度地减少和避免农机事故的发生。

任务 1　农机安全技术检验

【任务目标】

1. 认识农机安全技术检验标准。
2. 掌握农机安全技术检验方法。

【任务准备】

一、整机安全技术检验标准

农业机械整机一般要求标牌、编号、标记齐全，字迹清晰。号牌完好、悬挂位置正确、安全标记齐全。外观整洁、机件无开焊断裂等缺陷，紧固件结合牢固，无松动。防护罩板齐全、安装正确。各操纵调节件操纵灵活、准确可靠，旋转部件转动无阻。整机结合严密，不漏油、不漏气、不漏水、不漏电。驾驶室坚固、完整、视野良好。凡能引起伤害的运动件，如起动抓、风扇、V 形带、带轮、传动链、万向轴、动力输出轴等，其与人体可能接触的方位，必须设置防护板、罩、套或防护栏，对无法置于防护罩内又会造成伤害的运动部件，在醒目处设置安全警示标志。防火工具、灭火设备、排气管灭火罩、网齐全有效。允许噪声：耳旁噪声、无驾驶室不大于 94 dB(A);普通驾驶室不大于 90 dB(A);压力密封驾驶室不大于 83 dB(A);动态环境噪声不大于 81 dB(A)。

二、动力及传动、制动、辅助部分安全技术检验标准

在下列环境温度和启动时间条件下能顺利启动,启动次数不超过 3 次,每次间隔时间为 2 min。怠速及最高空转转速正常,运转平稳,无异响,关闭油门,即能停止运转。功率不低于标定功率的 85%,燃油消耗率不高于标定燃油消耗率的 15%。发动机启动性能良好。

正常工作时的水温、机油温度、机油压力及燃油压力等符合规定。

传动系离合器、变速箱、后桥、最终传动箱、动力输出装置及启动机传动机构的外壳无裂纹,运转时无异响、无异常温升现象。离合器踏板的自由行程符合要求,分离彻底,接合平稳,不打滑、不抖动。踏板操纵力≤350 N。万向节、联轴器、传动轴装配正确,配合良好。传动用 V 形带、滚子链安装正确,松紧度适当。换挡操作灵活,不乱挡,不跳挡。变速杆操纵力:停车变速时不大于 200 N;动力输出操纵杆的操纵力不大于 200 N。差速锁的作用可靠,手柄或踏板回位迅速,无卡滞现象。

转向系方向盘最大自由转动量应≤30°。在平坦、干硬的道路上转向轻便灵活,不得有摆动、抖动、跑偏及其异常现象。转向圆半径或最小转弯半径以前轮外轮轨迹中心线为基线测量其值≤12 m。转向盘的操纵力:机械式转向器≤250 N,全液压式转向器≤15 N,当液压转向系统助力系统失效,手动转向泵起作用时≤600 N,转向离合器操纵杆手柄操纵力≤250 N。转向节、转向臂及其纵、横拉杆连接可靠不变形,球头间隙及前轮轴承间隙适当,在平坦路面高速行驶时,前轮不得有明显的摆动。前轮前束、倾角调整符合技术要求。转向装置转动操纵方便、灵活、无阻滞现象。车轮在转向过程中,不得与其他部件有干涉现象。

制动系制动器左右踏板必须有可靠的联锁装置和定位装置。制动踏板的自由行程,应符合技术条件要求。制动应平稳、灵敏、可靠,两侧制动器的制动能力应保持一致,左右踏板的脚蹬面应位于同一平面上。制动踏板在产生最大制动作用后,必须留有 1/5 以上的储备行程。制动踏板最大操纵力≤600 N,制动手柄最大操纵力≤400 N。储气筒容量应保证在停机的情况下,连续 5 次全制动而气压不低于 392 kPa。制动系各部不漏气,当气压升至 590 kPa 时,在不使用制动的情况下,停机 3 min,其气压降低值不超过 9.8 kPa。当启动发动机在中速运转时,4 min(带挂车为 6 min)内气压表的指示表压应从 0 升至 392 kPa。储气筒应带有限压装置,确保气压为(785±50)kPa。采用液压式制动系的拖拉机,制动油位应正常,油品合格,油路不得漏油或进气。当制动踏板压力最大时保持 1 min,踏板不得缓慢下移。带挂车(空载),以 20 km/h 的速度在干燥平坦的且轮胎与地面间附着系数≥0.7 的水泥或沥青路面上行驶,空载制动距离 $S\leqslant6.0$ m;满载制动距离 $S\leqslant6.5$ m。在最高行驶速度≤30 km/h 的情况下,冷态紧急制动时,左右轮拖印痕之差≤400 mm。驻车制动装置应能保证拖拉机在坡度为 20%且轮胎与路面间的附着系数≤0.7 的坡道上沿上、下坡方向可靠停驻。

车架完整,不变形,无裂纹及严重锈蚀现象。前桥不变形,无裂纹;后桥外壳及发动机支架无裂纹。轮毂完好,安装松紧适度。轮辋、辐板、锁圈无裂纹,不变形,螺母齐全,紧固可

靠。轮胎规格应符合技术条件规定，转向轮胎冠花纹深度应≤3.2 mm。同一轴上的轮胎规格和花纹应相同，磨损程度基本相同。轮胎的胎面和胎壁上不应有长度超过 25 mm 或深度足以暴露出轮胎帘布层的破裂和刮伤。轮胎的原有配重，须齐全完整。

液压悬挂机构工作灵敏，升降时不得有噪声及抖动现象。当提升最大负荷、油温为(65±5)℃的情况下，提升至最高位置的时间≤3 s，切断动力 30 min 后，静沉降值≤提升行程的4%。液压系统油位正常，在工作压力下各部接头、接缝处不应漏油、渗油。液压系统操纵手柄操纵力≤70 N。液压系统升降操纵手柄在各工况位置上，应定位可靠。液压悬挂及牵引装置各杆件无裂纹、无损坏、不变形，调整适当，限位链、安全链及各插销、锁销齐全完好，各锁孔无异常磨损。

照明、信号及其他电气装置应安全可靠；所有开关操作方便，不得因震动而自行接通或关闭。电器设备及线路，不得产生短路或断路。发电机工作良好，蓄电池应保持常态电压；电系导线均须捆扎成束，布置整齐，固定卡紧，接头牢靠并有绝缘封套；在导线穿越孔洞时，需设绝缘套管。

三、作业部分安全技术检验标准

插秧机曲柄转动和推秧器移动自如，密封可靠。推秧凸轮与拨叉的轴向偏差≤1 mm。栽植臂上轴承不松旷，分离针双向自由摆动量≤3 mm。

精密播种机同一排肥箱轴上的各排肥槽轮，在任何位置时其工作长度之差≤1.5 mm。未装种子(肥料)时，单个排种(肥)器应转动灵活。双圆盘式开沟器应转动灵活。两圆盘相交处间隙≤2 mm，相错≤3 mm。滑刀式开沟器其刃部应光滑，滑刀刃口厚度≤1 mm，限深板限深可靠。阻塞轮全部阻塞时，排肥盒不漏肥。排肥盒与箱底板局部间隙≤1 mm。排种器不变形，不切种，安装正确、牢固。

圆盘耙耙组转动灵活，无干涉。轴承润滑良好，油杯齐全。木轴瓦间隙≤3 mm，滚动轴承≤1 mm。方轴不弯曲，耙片在耙组上无松动现象，同组耙片半径之差≤10 mm。耙组上各耙片间距相等，偏差≤8 mm。装缺口耙片的耙组。相邻耙片的缺口应互相错开安装。耙片刃口无毛刺、卷边和裂纹，其斜面宽度 8～10 mm，角度 15°～20°。

铧式犁各构件不得有裂纹、变形、剥蚀及连接松动现象。目测犁铧、犁壁、犁侧板、犁踵无严重磨损。犁铧刃口斜面宽度应在 5～10 mm，刃口厚度≤2 mm。工作表面应平整光滑，不得有毛刺和凸起。犁铧与犁壁结合处的间隙≤1 mm。犁壁表面不得高于犁铧，允许犁铧高出犁壁 1.5 mm。组合式犁壁的前后犁壁接合处间隙≤1.5 mm；后犁壁表面不得高于前犁壁，允许前犁壁高出后犁壁 1.5 mm。在犁铧体垂直切刃边(犁胫线)，犁壁不得突出于犁铧，允许犁铧高出犁壁 4 mm。犁铧、犁壁与犁托或犁柱应紧密结合，允许局部间隙。犁铧与犁托(柱)≤2 mm，犁壁与犁托(柱)≤4 mm(幅宽 200 mm 者为 2 mm)，但螺栓连接处的间隙必须清除。犁侧板与犁托(柱)应紧密结合，其局部间隙在水平及垂直接合处≤2 mm。沉头螺栓副应拧紧，并有防松措施。螺栓头部不得突出犁体工作表面，允许下凹 1 mm。犁体垂直间隙 10～12 mm，水平间隙 5～10 mm。栅条犁的栅条目测无严重磨损和变形，且调节灵活，锁定可靠。

旋耕机刀轴径向和轴向间隙应符合技术要求。旋耕刀的数量、规格及安装方位符合作业规定要求,刃口厚度≤1.5 mm,刃口曲线过渡平滑,每把刀深度>2 mm 的缺口不得超过两处。刀座与刀轴焊接处无脱焊现象,螺栓紧固,并有防松措施。刀滚最大回转半径和最小回转半径之差≤20 mm。用手转动刀轴不应有卡滞和干涉现象。旋耕机运转时各部不应有异常声响。

玉米收获机剥皮辊应转动灵活,胶辊与铁辊间的压紧力为 550～830 N。剥皮铁辊上的钉齿不得松动,转动时钉齿不允许有卡碰现象。剥皮胶辊的胶片工作时不得有松动现象。切碎滚筒磨刀机构导轨与切碎滚筒轴线应平行。抛送机构操纵方便,转动灵活,锁定可靠,抛送距离可调,抛送筒回转角应大于 90°。

谷物联合收割机护刃器梁平直,护刃器安装牢固,间距相等,刀杆平直。定刀片不松动,各定刀片在同一平面偏差≥0.5 mm。刚性割台离地间隙应一致,其差≤15 mm。动刀片齐全,铆接紧固、无裂纹,每片刀的缺齿数不多于 5 个,刃口不得有长于 8 mm 的缺口,亦不得有多于 3 个<8 mm 的缺口。刀杆在护刃器中,其前后的最大允许间隙为 0.8 mm。割刀在两极限位置时,定刀片与动刀片中心线重合,偏差不大于规定要求。分禾器及扶倒器不变形,安装可靠。螺旋输送器的螺旋叶片与割台底面间隙和与后档板间隙应符合原机规定,两间隙在输送器全长上应一致,并且与切割器梁平行。输送器外壳端面与割台左右侧壁的间隙不大于 5 mm。拨禾轮轴平直,拨禾轮应能无阻地调节其前后、高低位置,且左右位置一致。割台仿形板的高度和倾斜度合适。挠性割台仿形板的四连杆机构动作灵敏。立式割台的扶禾器安装牢固,扶禾链上下链轮应在同一回转平面上,链节磨损不超限,扶禾性能好,并能在其轨道的规定位置处伸缩。立式割台的拨禾星轮轮齿不缺损,方向正确。立式割台的横向及中间输送装置完好,转动平稳,不打滑。液压升降割台升降灵敏可靠。割台与主机连接可靠。螺旋输送器拨齿不得缺少和变形,拨齿导套间隙不大于 3 mm。螺旋片完好,无开焊和裂纹。拨齿尖端与底板间隙为(20±10)mm。螺旋输器能用手轻易转动,无阻滞现象,轴向无窜动。各部机件无裂纹、变形、焊接牢靠,安装正确、牢固。脱粒滚筒配重物牢固,滚筒应保持平衡状态。滚筒的纹杆无裂纹,凸纹高度磨损量不大于 3.5 mm,相邻纹杆凸纹方向相反。各纹杆重量差不超过 20 g。滚筒拆装后要进行静平衡试验。滚筒的辐盘无裂纹,纹杆应紧贴在辐盘上,并与滚筒轴及凹板横格平行,纹杆螺栓拧紧,防松措施牢固。逐稿轮、喂入轮转动灵活,叶板或钉齿不变形,方向正确。装置横向逐稿器的工作部件磨损不超限,抖草轮及弹齿抖动灵活可靠。带式逐稿器链节节距不超限,木条无裂纹、变形,不松动,皮带及搭扣齐全。键式逐稿器键箱、阶梯片不变形,箱面平整完好。鱼鳞筛片开度一致,键箱及支架与机体侧壁不互相碰擦,曲轴木轴承间隙适当,转动灵活不发热。大型自走式的逐稿器后装有切碎器时,应装置茎秆堵塞报警器。籽粒抖动板无裂纹、无破损。后部的指状筛齐全、不变形、固定可靠。所有梳齿筛钢丝不缺损,间距一致,筛面平整。尾筛(延长筛)的开度、倾斜度及档板上下位置调节灵活。筛箱不破裂,摆动无阻碍。与侧壁无摩擦、撞击,调节机构调整方便。风扇外壳及叶板不变形,叶轮旋转灵活,风量及风向调解轻便,固定可靠,导向板平直不变形。钉齿滚筒及凹板的钉齿不变形,磨损不超限,方向一致,螺母紧度符合要求,防松措施可靠,左右齿隙要相符,最小齿隙为 4 mm。弓齿滚筒的弓齿齐全无损坏,固定可靠。凹板调节装置灵活可靠,并且左右间隙一致。逐稿器转动扭矩不大于 36 N·m。粮箱均布输送器出口侧,栅格状防护板不缺损。卸粮推运器动力传动分离可靠,与外壳无干涉。集草箱的茎秆、耙齿机构安装正确,其木轴承在拧紧螺母后,应能自由转动,而与曲轴无

明显的径向间隙。集糠箱固定牢靠,各部密封,旋风分离器筒壁光滑,卸糠机构灵便。茎秆切碎器动、定刀片安装牢固,无缺损,转动平稳,切碎器转速不能低于 3 000 r/min,定刀片、动刀片头部宽度磨损不得超过规定要求。茎秆切碎器修后应进行动平衡试验,更换刀片应对称更换。倾斜输送器外壳不变形、无破裂、密封良好。倾斜输送器安装正确,链条长度相同,链耙板铆接牢固,主、被动链轮及链耙相互平行,主、被动轴链轮齿在一个平面上,被动轮上下浮动无阻。螺旋输送器叶片不变形、无裂纹,叶片与外壳间隙 6～10 mm。升运器链节磨损不超限,主、被动轴平行,主、被动链轮对中,链条紧度适宜。扬谷器及复脱器的叶轮、叶板固定可靠。纹杆的凸纹有效,检视窗及端盖密封良好。糠颖输送风扇的叶轮固定可靠,叶片不变形;输送管道不变形,密封良好。

在下列项目中,有 1 项达不到要求,则判整机为不合格:

①出厂标牌、编号、标记不齐全,号牌字迹不清晰,安装位置不正确,安全警示标志不符合要求;

②凡能引起人身伤害的运动部件,其与人体可能接触的方位,安全防护装置不符合要求;

③噪声不符合规定要求;

④怠速及高转速运转不平稳,有异响;

⑤在正常负荷下,排气烟色不正常、窜机油;

⑥发动机功率低于标定数值的 85%,燃油消耗率高于标定数值的 15%;

⑦离合器分离不彻底,接合不平稳,打滑、抖动;

⑧制动距离不符合要求,左右轮制动拖印痕差不符合要求;

⑨驻车制动装置不能保证拖拉机在规定的坡道上可靠停驻;

⑩照明、信号装置不全或失效。

【任务实施】

1. 根据表格填写《轮式拖拉机安全技术检验标准》。

2. 根据表格《轮式拖拉机安全技术检验标准》格式,制作其他农机安全技术检验表格。

轮式拖拉机安全技术检验标准

项目	检测标准与结论					
整机	带挂尺寸	>58 kW　长<12 m　宽<2.5 m　高<3.5 m				
		<58 kW　长<10 m　宽<2.5 m　高<3.0 m				
	出厂标牌	齐全	编号	清晰	号牌悬挂	正确
	外观	整洁	仪表	完好	挡位操作	灵活
	离合油门制动回位	自动不卡滞	严密不漏	水、电、油、气	牵引	牢固
	防护装置	皮带　输出　轴旋转部件			噪声	标准
发动机	启动时间	<5 s	怠速	平稳　异响	排气烟色	蓝白　黑
	功率	85%	油耗	15%		
	仪表值	水温　油温　机油压力				
传动系	离合器、变速箱、后桥、最终传动箱、动力输出装置及起动机传动机	外壳无裂纹	离合器	分离彻底	传动用V带	松紧度适当
		无异响		接合平稳	换挡	不乱挡，不跳挡
		无异常温升		踏板操纵力不大于350 N	差速锁	回位迅速，无卡滞现象
转向系	方向盘最大自由转动量	不大于30°	在平坦、干硬的道路	无摆动、抖动、跑偏	最小转弯半径	不大于12 m
	前轮前束、倾角调整	符合技术要求				
制动系	左右踏板	联锁装置和定位装置	制动踏板的自由行程	同一平面上，制动能力一致	储气筒	连续5次气压不低于392 kPa
	制动踏板压力最大时	保持1 min，踏板不得缓慢下移	20 km/h的速度	空载制动距离$S\leqslant 6.0$ m；满载制动距离$S\leqslant 6.5$ m	最高行驶速度不大于30 km/h	左右轮拖印痕之差不大于400 mm
	坡度为20%	沿上、下坡方向可靠停驻				
轮胎	转向轮	胎冠花纹深度应不小于3.2 mm	同一轴上的轮胎	磨损程度基本相同 规格相同 花纹应相同		
	原有配重		轮胎气压			
照明、信号	前照灯、前位灯、后位灯、制动灯、后牌照灯、后反射器和前后转向信号灯					
驾驶室	踏板	距地面高度不大于550 mm			后视镜	镜影像清晰

谷物联合收获机安全技术检验标准

项目	检测标准与结论					
整机	带挂尺寸	＞58 kW 长＜12 m 宽＜2.5 m 高＜3.5 m				
		＜58 kW 长＜10 m 宽＜2.5 m 高＜3.0 m				
	出厂标牌	齐全不全	编号	清晰 不清	号牌悬挂	正确 无
	外观整洁		仪表完好		挡位操作	灵活 卡滞
	整机结合严密	不漏油、不漏气、不漏水、不漏电	梯子和扶手	齐全、牢固可靠，护栏应高于1.3 m	防火工具、灭火设备、排气管灭火罩、网	齐全 缺少
	防护装置	链条、胶带、转轮、转轴等外露传动机件及清选风机进风口、割刀端部、茎杆切碎器端部、万向节及传动轴，安全警示标志			噪声	≤90 dB
发动机	启动时间	＜5 s	怠速	平稳 异响	排气烟色	蓝白 黑
	功率	90％	油耗	15％		
	仪表值	水温	油温	机油压力		
传动系	离全器、变速箱、后桥、最终传动箱	外壳无裂纹	离合器	分离彻底		
		无异响		接合平稳	换挡	不乱挡，不跳挡
		无异常温升		踏板操纵力≤350 N	半链轨驱动轮、引导轮、支重轮	工作面磨损正常，链轨节及销轴磨损不得超限
转向系	方向盘最大自由转动量	≤30°	在平坦、干硬的道路	无摆动、抖动、跑偏	转向盘转数	不超过5圈
	油管表面	不允许有裂纹、擦伤和明显压扁等缺陷				
制动系	左右踏板	联锁装置和定位装置	制动踏板的自由行程	同一平面上，制动能力一致		
			20 km/h的速度	冷态制动距离：$S≤5.5$ m 热态制动距离：$S≤9$ m		
	坡度为20％	沿上、下坡方向可靠停驻				
轮胎	转向轮胎纹方向		同一轴上的轮胎	磨损程度基本相同 规格相同 花纹应相同		
	原有配重		轮胎气压		转向轮前束	
照明、信号	前照灯、前位灯、后位灯、制动灯、后牌照灯、后反射器和前后转向信号灯					
驾驶室	室内及外壳	不得有使人致伤的凸出零件和锐边尖角			后视镜	镜影像清晰

任务2　农业机械作业技术要求

【任务目标】

1. 认识农业机械作业质量标准。
2. 掌握农业机械作业质量检测方法。

【任务准备】

一、农业机械作业质量标准

1. 深松作业质量标准

深度适宜、地头整齐、松向直、不漏松、不破坏表土。深松要在土壤水分适宜的条件下进行，严禁湿整地。深松机工作部件间距合理，杆尺式深松机深松间距在 35 cm 以内，允许误差±1 cm，超过 5 cm 为不合格。深松深度在 30～35 cm，以破碎犁底层为原则，各行深度一致，误差不超过±2 cm。往复结合垄为 35 cm，允许误差±2 cm。地头起落整齐，松到头，松到边。地头宽度为 5 cm。两侧距林带或田间道 1 m，并用大犁圈边。

2. 翻地作业质量标准

平翻作业的耕翻深度在 22 cm 以上，植被覆盖率 80%；浅翻深松的翻深 16～18 cm，深松 30 cm 以上，植被覆盖率 40%以上。耕垡直，百米弯曲度＜15 cm，耕幅一致，实际幅宽与设计幅宽误差＜±5 cm。不漏耕，地表平整，无立垡、回垡。不重耕，重耕面积小于 2%，地头横耕整齐。开垄间隔 40 m 以上，开垄宽度＜30 cm，深度＜15 cm；闭垄要窄浅，高度≤10 cm。

3. 耙地作业质量标准

准确掌握耙地方法，适时耙地，在土壤水分适宜的条件进行。耙地时作业方向要与播种方向呈 40°～45°夹角，严禁顺耙。耙深耙透，轻耙耙深 8～12 cm，中耙耙深 14～16 cm，重耙耙深 16～18 cm，耙深一致（自然条件影响除外）。耙后要带耢子（散墒作业除外），特别是轻耙要把配带刮板耢子，耙后地表平整、不拖堆、不出沟、不起楞、沿播种垂直方向在 4 m 宽的地面上，高低差≤3 cm。耙到头，耙到边，不漏耙，相邻作业幅的重耙量＜15 cm。斜耙完毕后绕地边耙一圈，地头耙两遍。

4. 起垄作业质量标准

垄向笔直，百米弯曲度≤10 cm，垄距符合标准，偏差＜±1 cm，结合垄偏差＜±2 cm。垄体丰满，垄高要达到 20 cm 以上，各垄间高低误差＜2 cm，不出现开口垄，垄沟深松深度要＞20 cm。地头起落整齐，出入垄一致，误差＜30 cm，起到头，到边。

5. 镇压作业质量标准

作业要达到压后土地上松下实，平整一致，不漏压，不拖堆，到头到边。拖拉机作业要保持恒速，作业速度不能超过 6.6 km/h。禁止梭形压法，不准转急弯，不准湿压。不拖堆、不漏压，不允许镇压器长时间在作业地里停放。垄地镇压作业适宜期，垄台、垄沟压实均匀，不破坏垄形。

6. 中耕作业质量标准

第一次中耕深松深度要不低于15 cm(特殊自然条件除外)，采用双杆尺，入土深浅一致，误差<2 cm，前浅后深，防止起块压苗。第二次中耕深度在10～12 cm，培土不超过10 cm，并不超过第一复叶节，各铧深度误差<±2 cm。中耕作业时要保证不偏墒、不漏耕、不弃耕、不铲苗、不压苗、不损伤根系、地头整齐、伤苗率<2%。

7. 喷药作业质量标准

喷药前机组要进行喷嘴流量的测定，各喷头流量差不大于3%，实际喷液和计划喷液量误差≤5%，超出者不允许参加作业。作业前搞好田间区划、地头留枕地线，并做好标记，避免重漏。各喷头喷洒均匀，雾化良好，不漏喷，相邻喷头重复宽度为5～15 cm，且宽度一致，往复喷洒重复宽度≤30 cm。喷药机车要恒速作业，速度小于7 km/h，单位面积施药量要准确，往复核对地块结清。把握喷药的适宜量，风力在3级以上或空气相对湿度低于65%不允许喷药，气温在15℃以下或27℃以上，12 h后可能有大量降水不要进行茎叶处理。视土壤墒情，酌情增减药量。化学除草进行播前土壤处理，喷药混土联合作业或喷药后随即耙地混土，易挥发农药耙混深度>10 cm，一般农药浅耙混土深度为2～3 cm；播后苗前土壤处理混土深度浅于播深，不伤苗。作业前应将喷药机彻底清洗，防止出现药害，严格按规范操作，注意施药安全。

二、农机作业质量验收标准

1. 中耕作业的质量检查验收标准

漏耕情况检查：作业结束后沿地块对角线检查有无漏耕，发现有漏耕处做出标记进行机械补耕。除草净度检查：沿地块对角线取3个点检查铲组通过宽度内杂草是否除净。护苗带宽度检查：在机组工作幅宽的苗行上测量5处护苗带应符合要求。作业深度检查：在工作幅宽内每行选5个点，扒开松土层，用直尺量出作业前的地表至沟底的深度，取平均值，应符合要求。

2. 起垄作业质量检查与验收标准

高度、直度、宽度、匀度、平度、齐度、垄型及起垄后的地中应干净。

3. 整地作业的质量检查与验收

耙深检查：作业中直接测量耙片入土深度，作业后可按取点方法，扒开土壤与周围地表相比较，测量深度，不小于规定耙深。平整度检查：用目测法检查地点、地边、地角有无明显的凹坑沟槽或土堆、土条。

4. 耕地作业质量检查与验收标准

作业方法的检查：根据耕作地块的长、宽和面积等，检查耕地的作业采用的行走方法，不得有过多的空行和明显沟垄。耕深作业后检查：沿地块对角线取10～15个点，整平测量点，直尺插到犁沟底测其深度，计算平均值实际耕深不得小于规定耕深1 cm。各铧耕深一致性检查：随机取1～3个点剖开耕幅断面，露出犁底层深地表，拉一直线，垂直测出各铧深度，各铧耕深相差不超过3 cm。

【任务实施】

根据农业机械作业质量检查验收方法要求，检验农机作业质量。

<table>
<tr><th>项目</th><th colspan="2">农业机械作业质量检查验收</th></tr>
<tr><td rowspan="9">翻地作业</td><td>检测工具</td><td>1 m 直尺，50 cm 钢板尺，20 m 皮尺，2 m 卷尺，50 m 测绳</td></tr>
<tr><td>耕堑直</td><td>在地块测区内选 3 点，每点沿沟壁 50 m 长拉直测绳作为测量基准，每隔 10 m 距离测沟壁距基准的偏移量，求平均值</td></tr>
<tr><td>耕深</td><td>平作地块作业时，沿对角线在不同耕幅随机取 10 点，测最后犁的沟墙高度
$$h=\frac{1}{10}\sum_{i=1}^{10}h_i \tag{1}$$
式中：h——耕深平均值，cm
h_i——第 i 点测深，cm
垄作地块时，作业后在地块内沿对角线方向取 5 点，每点沿耕向垂直方向测 3 个耕深。将直尺平放在耕过地面上，作为测量基准，用钢板尺插入犁底层，测量其深度，求出平均值。在无雨情况下减去 20%，降中雨以上雨量减去 10%，即为实际耕深</td></tr>
<tr><td>耕深一致性</td><td>2 hm^2 以下地块采 3 点，2 hm^2 以上地块采 5 点，每点沿耕向方向测 5 个耕深；计算出耕深不一致(指小于计划耕深的数据)的百分率，耕深不一致≤5%时为合格</td></tr>
<tr><td>耕幅宽度</td><td>在地块内采 3 点，每点在未耕地上沿沟墙平行方向取 3 点插上标记，各点与沟墙距离应大于 2 个耕幅宽度，测量该距离为 B_i，当机组耕过 2 个耕幅后，再测各点至新沟墙的距离为 b。计算耕幅平均值
$$L_i=\frac{1}{2}(B_i-b) \tag{2}$$
$$L=\frac{1}{3}\sum_{i=1}^{3}L_i \tag{3}$$
式中：L_i——一个耕幅宽度，cm
L——平均耕幅宽度，cm</td></tr>
<tr><td>立垡、回垡率</td><td>作业中，在 2 耕幅地面上，随机取 5 点，每点沿机组前进方向取 50 m 长，测量立垡、回垡长度。计算其百分率。
$$F=\frac{M_1}{M}\times 100\% \tag{4}$$
式中：F——立垡(回垡)率，%
M_1——立垡(回垡)长度，m
M——测区长度，m</td></tr>
<tr><td>开闭垄</td><td>a)在地块内取 3 点，从地块左侧依次向右，或右向左，距地头 50 m 处开始取点；
b)开垄检查，在开垄垂直方向放一直尺作为测量基准，测其宽度和深度，求平均值；
c)闭垄检查，剖开闭垄土壤剖面，将直尺放置于地面作为测量基准，测出闭垄高度，求其平均值</td></tr>
<tr><td>地面平整度</td><td>随机取 3 点，沿机组前进垂直方向在已耕 2 耕幅地面上拉直测线作为测量基准，每隔 30 cm 测量基准线至地面的垂直距离，求出差值</td></tr>
</table>

续表

项目		农业机械作业质量检查验收
深松作业	检测工具	1 m 直尺,50 cm 钢板尺
	耕深与沟底宽	在地块内沿对角线随机采 3 点,每点测 3 个深松沟。剖开耕层以自然地面为基准,测其耕深和沟底宽,求平均值。以计划深度为基准计算其深度平均值
	行距	在作业地块内随机取 3 点,每点测 2 个耕幅,有垄地块垄台和垄沟深松测各对应垄台、垄沟距离,全面深松测各深松沟距离
耙地耙茬旋耕作业	检测工具	2 m 卷尺,1 m 直尺
	耕深	a)在地块内沿对角线随机取 3 点,测量耙列两侧的耙深 b)机组在测点处停车,测量地面至耙片中心距离 $$H=\frac{1}{3}\sum_{i=1}^{3}(R-h)_i \quad (5)$$ 式中:H——耕深平均值,cm R——耙片半径,cm h——地面至耙片中心的距离,cm
	碎土程度	检查测量计算方法。在地块内沿对角线取 3 点,每点测 1 m^2,取出耕层表土中的土块(土块顶部超过计划耙深 1/2 的为耕层土块),测量 5 cm 以上的土块数量
	地面平整度	随机取 3 点,沿机组前进垂直方向在已耕 2 耕幅地面上拉直测线作为测量基准,每隔 30 cm 测量基准线至地面的垂直距离,求出差值
	耕幅宽度	在地块内采 3 点,每点在未耕地上沿沟墙平行方向取 3 点插上标记,各点与沟墙距离应大于 2 个耕幅宽度,测量该距离为 B_i,当机组耕过 2 个耕幅后,再测各点至新沟墙的距离为 b。计算耕幅平均值
	灭茬情况	其根茬破碎以不影响播种质量为合格
起垄作业	检测工具	2 m 卷尺,50 m 测绳,50 cm 钢板尺,20 m 皮尺
	垄向直线度	在地块内随机选 5 点 50 m 长,在垄台中心拉直测绳作为测量基准,每隔 10 m 测垄台中心与基准线之距离,求出误差平均值
	垄距误差	a)在地块内随机采 3 点,每点测 2 个耕幅,测各垄距离 b)在各垄台中心插上标记,测各垄距离 c)求各垄距与标准垄之差 $$S=\frac{1}{3}\sum_{i=1}^{n}(S_{实}-S_{标})_i \quad (6)$$ 式中:S——垄距误差,cm $S_{实}$——实测垄距,cm $S_{标}$——标准垄距,cm
	垄高一致性	在地块内随机采 3 点,取相邻 5 垄,按垄向垂直方向沿垄台面拉直皮尺作为测量基准,从基准向下量至垄沟底部即为垄高,求平均值

续表

项目		农业机械作业质量检查验收
平播作业	检测工具	50 m 测绳,50 cm 钢板尺,20 m 皮尺,2 m 卷尺,杆秤
	播向直线度	在地块内随机选 3 点,每点沿播行测 50 m 长,从两端垄台中心拉直测绳,作为测量基准,每隔 10 m 距离测量基准至垄台中心的距离,计算出平均直线度误差
	行距误差	在地块内随机选 2 个耕幅,找出各行中心线,以苗带中心线为基准测量各垄间距离,求出行距误差
	播量准确性	a)定量加种法。按 DB 23/T 207.3 中播量田间校正法进行 b)米间粒数法。作业中将开沟器和覆土环抬起或将输种管从开沟器中抽出,使种子直接落于地面。检查每米长度内种子粒数,与计划相比之差。每次随机检查 3 点 $$C=\frac{Q\cdot M}{G}b \qquad (7)$$ 式中:C——计划米间粒数 Q——计划播种量,kg/hm² M——行距,m G——千粒重,kg b——净度,% c)地块核对法,播完一个地块后(一个小区)根据实际面积和实播种、肥量按公式计算出公顷实播误差 $$P=\frac{Q-Q_1}{Q} \qquad (8)$$ 式中:P——播种(肥)误差,% Q——计划播中(肥)量,hg/hm² Q_1——实际播种(肥)量,kg/hm²
	播深一致性	沿地块对角线取 5 点,每点 1 m 长刮去覆盖土壤露出种子,以地表为基准测量种子至基准距离,求出平均值
	重播、漏播率	沿地块对角线随机取 3 点,条播每点测 10 m 长,精播每点测 250 个粒距,穴播每点测 30 穴,检查并测量重播、漏播长度。精播≤0.5 倍的粒距、穴播≤0.5 倍穴距为重播。精播>1.5 倍的粒距、穴播>1.5 倍的穴距为漏播。按公式计算出重播、漏播率 $$P=\frac{M_1}{M}\times 100\% \qquad (9)$$ 式中:P——重(漏)播率,% M_1——重(漏)播长度、粒距、穴数,m M——测区长度,m

续表

<table>
<tr><th>项目</th><th colspan="2">农业机械作业质量检查验收</th></tr>
<tr><td rowspan="3">收获作业</td><td>检测工具</td><td>2 m卷尺、帆布、天平，50 cm钢板尺，自制量角器，布袋</td></tr>
<tr><td>联合收割作业收割损失率</td><td>调查自然损失。在未收割地段上沿对角线随机采3点，每点为1 m^2 收集地面落粒和落穗，称粒重按公式计算出平方米自然损失量
$$E=\frac{W}{S_E}\times 100\% \quad (10)$$
式中：E——自然损失量，g/m^2
W——各点落穗落粒重量，g
S_E——各点面积和，m^2
收割台损失。在割后地面上随机取3点，每点长为1 m，宽等于工作幅宽，收集落穗和落粒，脱下籽粒后称重。按公式计算出割台损失率
$$Q_1=\frac{Q_\Sigma}{S_E}-E \quad (11)$$
式中：Q_1——割台损失量，g/m^2
Q_Σ——各点损失总量，g
S_E——各点面积和，m^2
按公式计算割台损失率
$$p_1=\frac{Q_1}{H}\times 100\% \quad (12)$$
式中：p_1——割台损失率，%
H——测出的产量，g/m^2</td></tr>
<tr><td>脱粒损失率</td><td>作业中在联合收割机前取10 m长测区，接取测区内逐稿器排出的茎秆，清洁筛排出的颖壳，出粮口排出的籽粒，然后称出籽粒重，计算损失率。从逐稿器中拣出没脱净的穗头，脱下籽粒为脱不净损失；由茎秆中裹带的籽粒，为茎秆裹带损失；由清选杂余中裹带的籽粒为清选损失；将籽粒分别称重。按公式计算各部分的损失率
$$S_1=\frac{W_1}{W_4}\times 100\% \quad (13)$$
$$S_2=\frac{W_2}{W_4}\times 100\% \quad (14)$$
$$S_3=\frac{W_3}{W_4}\times 100\% \quad (15)$$
$$S=S_1+S_2+S_3 \quad (16)$$
式中：W_1——脱不净损失量，g
W_2——茎秆裹带损失量，g
W_3——清洗损失量，g
W_4——测区内籽粒总重量，g
S_1——脱不净损失率，%
S_2——茎秆裹带损失率，%
S_3——清选损失率，%
S——脱粒损失率，%</td></tr>
</table>

续表

<table>
<tr><th>项目</th><th></th><th>农业机械作业质量检查验收</th></tr>
<tr><td rowspan="9">收获作业</td><td>籽粒破碎率</td><td>从粮箱内随机取样 100 g,查出破碎籽粒数称重。重复 3 次。按公式计算平均破碎率
$$b=\frac{b_1}{100}\times 100\% \quad (17)$$
式中:b——破碎率,%
b_1——破碎粒重,g</td></tr>
<tr><td>籽粒清洁率</td><td>从粮箱内随机取样 100 g,挑出杂质并称重。重复 3 次,按公式计算平均清洁率
$$C=\frac{C_1}{100}\times 100\% \quad (18)$$
式中:C——清洁率,%
C_1——清洁籽粒重,g</td></tr>
<tr><td>割茬高度</td><td>在收割后的地段上选 5 点,每点测 20 根割茬的高度,计算平均高度</td></tr>
<tr><td>放铺角度</td><td>在地块内取 5 点,测定条铺与收割方向的夹角,求平均值</td></tr>
<tr><td>拾禾损失率</td><td>在地块内采 3 点,拣拾作业后,在条铺位置取 1 m 长(宽度等于割幅宽度),拣出落穗与落粒,脱粒称重。按公式计算拾禾损失率
$$Q_2=\frac{Q_3}{B_u} \quad (19)$$
$$P_2=\frac{Q_2-(Q_1+E)}{H}\times 100\% \quad (20)$$
式中:Q_2——拾禾损失量,g/m²
Q_3——1 m 长麦铺损失粒重,g
B_u——1 m 长×割幅宽,m²
P_2——拾禾损失率,%
Q_1——割台损失量,g/m²</td></tr>
<tr><td>大豆联合收获作业泥花豆率</td><td>检查测量计算方法。从出粮口接取样品 100 g,从中挑出沾泥面积≥1/8 的豆粒并称重,重复 3 次,按公式计算泥花豆率
$$C_N=\frac{W_N}{100}\times 100\% \quad (21)$$
式中:C_N——泥花豆率,%
W_N——泥花豆重量,g</td></tr>
<tr><td>玉米联合收获作业果穗损失率</td><td>在地块内随机取 3 点,每点长 20 m,宽度为机器工作幅宽。在测点内收集漏收、落地的果穗,脱粒后称重。按公式计算果穗损失率
$$S_g=\frac{W_p}{W_S}\times 100\% \quad (22)$$
式中:S_g——果穗损失率,%
W_p——损失果穗籽粒重,g/m²
W_S——实际产量,g/m²</td></tr>
<tr><td>苞叶剥净率</td><td>检查测量计算方法。从果穗升运器出口接取 50 个果穗,捡出苞叶多于 3 片的果穗。按公式计算苞叶剥净率</td></tr>
</table>

续表

<table>
<tr><th>项目</th><th colspan="2">农业机械作业质量检查验收</th></tr>
<tr><td rowspan="3">收获作业</td><td>籽粒破碎率</td><td>从收获的果穗脱粒样品中,用十字分割法采样 500 g,拣出破碎的籽粒,重复 3 次称重。按公式计算籽粒破碎率
$$C_x=\frac{W_x}{W_y}\times 100\% \quad (23)$$
式中:C_x——破碎率,%
W_x——破碎籽粒重,g
W_y——样品重,g</td></tr>
<tr><td>籽粒损失率</td><td>检查测量计算方法。结合果穗损失率的检查进行采点,捡拾落地籽粒称重,按公式计算籽粒损失率
$$S_L=\frac{W_q}{W_s}\times 100\% \quad (24)$$
式中:S_L——籽粒损失率,%
W_q——落地籽粒重,g</td></tr>
<tr><td>苞叶裹带籽粒损失率</td><td>在作业中随机采 3 点,每点长 20 m,苞叶排出口接取苞叶,拣出裹带的籽粒并称重,按公式计算苞叶裹带损失率
$$S_b=\frac{W_b}{W_s}\times 100\% \quad (25)$$
式中:S_b——苞叶裹带损失率,%
W_b——苞叶裹带籽粒重,g/m²</td></tr>
</table>

【任务巩固】

农药使用管理规定

(一)农药分类

根据目前农业生产上常用农药(原药)的毒性综合评价(急性口服、经皮毒性、慢性毒性等)分为高毒、中等毒、低毒三类。

1. 高毒农药

有 3911、苏化 203、1605、甲基 1605、1059、杀螟威、久效磷、磷胺、甲胺磷、异丙磷、三硫磷、氧化乐果、磷化锌、磷化铝、氰化物、呋喃丹、氟乙酰胺、砒霜、杀虫脒、西力生、赛力散、溃疡净、五氯酚、二溴氯丙烷、401 等。

2. 中等毒农药

有杀螟松、乐果、稻丰散、乙硫磷、亚胺硫磷、皮蝇磷、毒杀芬、氯丹、滴滴涕、西维因、害扑威、叶蝉散、速灭威、混灭威、抗蚜威、倍硫磷、敌敌畏、拟除虫菊酯类、克瘟散、稻瘟净、敌克松、402、福美胂、稻脚青、退菌特、代森铵、代森环、2,4-D、燕麦敌、毒草胺等。

3. 低毒农药

有敌百虫、马拉松、乙酰甲胺磷、辛硫磷、三氯杀螨醇、多菌灵、托布津、克菌丹、代森锌、福美双、萎锈灵、异稻瘟净、乙磷铝、百菌清、除草醚、敌稗、阿特拉津、去草胺、拉索、杀草丹、2甲4氯、绿麦隆、敌草隆、氟乐灵、苯达松、茅草枯、草甘膦等。高毒农药只要接触极少量就会引起中毒或死亡。中、低毒农药虽较高毒农药的毒性为低，但接触多、抢救不及时也会造成死亡。因此，使用农药必须注意经济和安全。

(二)农药的运输和保管

(1)农药由公司委派专人购买。买农药时必须注意农药的包装，防止破漏。注意农药的品名、有效成分含量、出厂日期、使用说明等。鉴别不清和质量失效的农药不准使用。

(2)运输农药时，应先检查包装是否完整，发现有渗漏、破裂的，应用规定的材料重新包装后运输，并及时妥善处理被污染的地面、运输工具和包装材料。搬运农药时要轻拿轻放。

(3)农药不得与粮食、蔬菜、瓜果、食品、日用品等混载、混放。

(4)农药应设专用库、专用柜，由专人保管，不能分户保存。门窗要牢固，通风条件要好，门、柜要加锁。

(5)农药进出仓库应建立登记手续，不准随意存取。

(三)农药使用中的注意事项

(1)配药时，配药人员要戴胶皮手套，必须用量具按照规定的剂量称取药液或药粉，不得任意增加用量。严禁用手拌药。

(2)拌种要用工具搅拌，用多少，拌多少，拌过药的种子应尽量用机具播种。如手撒或点种时，必须戴防护手套，以防皮肤吸收中毒。剩余的毒种应销毁，不准用作口粮或饲料。

(3)配药和拌种应选择远离饮用水源、居民点的安全地方，要由专人看管，严防农药、毒种丢失或被人、畜、家禽误食。

(4)使用手动喷雾器喷药时应隔行喷。手动和机动药械均不能左右两边同时喷。大风和中午高温时应停止喷药。药桶内药液不能装得过满，以免晃出桶外，污染施药人员的身体。

(5)喷药前应仔细检查药械的开关、接头、喷头等处螺丝是否拧紧，药桶有无渗漏，以免漏药污染。喷药过程中如发生堵塞时，应先用清水冲洗后再排除故障。绝对禁止用嘴吹吸喷头和滤网。

(6)施用过高毒农药的地方要竖立标志，在一定时间内禁止放牧、割草、挖野菜，以防人、畜中毒。

(7)用药工作结束后，要及时将喷雾器清洗干净，连同剩余药剂一起交回仓库保管，不得带回家。清洗药械的污水应选择安全地点妥善处理，不准随地泼洒，防止污染饮用水源和养鱼池塘。盛过农药的包装物品，不准用于盛粮食、油、酒、水等食品和饲料。装过农药的空箱、瓶、袋等要集中处理。浸种用过的水缸要洗净集中保管。

(四)施药人员的选择和个人防护

(1)施药人员由生产部选拔工作认真负责，身体健康的青壮年担任，并应经过一定的技术培训。

(2)凡体弱多病者，患皮肤病和农药中毒及其他疾病尚未恢复健康者，哺乳期、孕期、经期的妇女，皮肤损伤未愈者不得喷药或暂停喷药。喷药时不准带儿童到作业地点。

(3)施药人员在打药期间不得饮酒。

(4)施药人员打药时必须戴防毒口罩，穿长袖上衣、长裤和鞋、袜。在操作时禁止吸烟、喝水、吃东西，不能用手擦嘴、脸、眼睛，绝对不准互相喷射嬉闹。每日工作后喝水、吃东西之前要用肥皂彻底清洗手、脸和漱口。有条件的应洗澡。被农药污染的工作服要及时换洗。

(5)施药人员每天喷药时间一般不得超过 6 h。使用背负式机动药械，要两人轮换操作。连续施药 3～5 天后应停休一天。

(6)操作人员如有头痛、头昏、恶心、呕吐等症状时，应立即离开施药现场，脱去污染的衣服，漱口，擦洗手、脸和皮肤等暴露部位，及时送医院治疗。

模块五

农业机械耗材

项目1 油料选用与管理

【项目描述】

油料是农业生产必备的材料，并且属于易燃易爆易损耗的材料，管理储存不当，会造成不必要的经济损失或引起火灾和爆炸事故。为避免储存或使用油料发生意外，确保油料的质量，农机用油料要注意“五防”。

一、防火灾和爆炸

油料易燃，库房内储存的油料，要做到经常检查，发现渗漏及时换装。在加油时杜绝渗漏与泼洒。对在装卸加油操作中发生的跑、冒、滴、漏、溢油等应及时处理，收集放于指定的地点。用过的沾油棉纱、油抹布、油手套，油纸等物，堆放过久有引起自燃的可能，应放置在有铁盖的铁桶内，并及时清除。盛油的油桶周围和车库等建筑物附近不能有易燃物。洒落在室内地面上的油料，严禁点燃。农用车或拖拉机和储存的油料放在同一库内的，车辆入库前，必须在排气管口加戴防火罩，停车后立即熄灭发动机，并严禁在存有油料的库内检修车辆。不准用铁质工具去敲打储油桶的盖，避免产生摩擦碰撞火花。夜晚加油时，禁止使用明火照明。冬天气温低时，油料不得靠近火源，防止燃烧引起火灾。存油场地应设有灭火器和沙土，以备灭火。

二、防变质

油料在储存过程中，由于受外界温度的变化、太阳曝晒、风吹雨淋以及沙尘飞落等影响，容易蒸发、氧化或混入水分、杂质，从而失去轻质成分、增多实际胶质含量，丧失添加剂作用、加速油品变质，造成柴油机、汽油机油路堵塞、供油中断，不仅使柴油机、汽油机启动性能变差，而且还会加速机件的磨损，缩短柴油机、汽油机的使用寿命。存油容器一定要清洁、无水、无残油、无铁锈、无杂质。应尽量减少油料与空气的接触，密闭储存，减少容器间不必要的来回倒装，用桶装油料尽量装满一些，减少空气存在的空间。注意防晒、降温及温度的变化，露天存放的油桶应防晒，通常放在树荫下或人工撑上遮阳设施并垫好垫木或胶圈，拧紧桶盖。雨、雪、沙尘等恶劣天气不在室外加油。

三、防不同类油料相互混入

机油中混入了齿轮油，会增加积炭和酸值，降低润滑效果；润滑油中混入了汽油、柴油，会因稀释而降低润滑性能，增加机件的磨损。汽油、柴油中混入了润滑油，会燃烧不良，增加积炭。

四、防中毒

油料及其蒸汽都具有一定程度的毒性。油料的毒性因杂质及添加剂不同，毒性可有差异。油料对皮肤和黏膜有刺激作用，也可有轻度麻醉作用。要避免口腔和皮肤与油料接触，皮肤接触柴油常可致接触性皮炎，吸入柴油可引起吸入性肺炎，柴油废气可引起眼、鼻刺激症状，头晕及头痛。严禁用嘴吸取柴油、汽油。油桶、柴油机、汽油机的管线及油泵等设备应该经常保持严密，防止油料及蒸汽渗漏，如发现渗漏及时检修，洒落在地面上难以收集的要用沙土掩盖，及时清除。不要将沾有油污、油垢的工作服、手套、鞋袜放在卧室内，应放于没人居住的房间，并定期清洗干净。维修柴油机、汽油机时，工作地点应保持良好的通风，操作者最好在上风口位置，尽量减少柴油、汽油蒸汽吸入，拆下的零件用煤油或无铅汽油洗净，严禁用含铅汽油洗手，擦洗衣服、机件或作喷灯燃料。作业完毕后，要用碱水或肥皂洗手，未经洗手、洗脸、漱口不要吸烟、饮水和进食。

五、防静电

静电是绝缘体与导体或绝缘体与另一绝缘体摩擦时产生的，柴油、汽油都是电的不良导体，在运输、灌装过程中，油分子之间、柴油、汽油与其他物质之间的摩擦会产生静电，其电量随着摩擦的加剧而增大，如不及时导除，当电量增大到一定程度，就会在两带电体之间跳火，即静电放电产生电火花，而引起柴油、汽油起火爆炸。向油桶内装油时，输油管必须插入油桶底部，以减小柴油的冲击和与空气的摩擦。避免使用塑料桶装汽油，尽量不用塑料桶存放柴油。因为塑料是电的不良导体，摩擦产生的静电在空气干燥时，无法导走，很容易产生静电火花。优先选用铁桶，因为铁是电的良导体，放在地面上，产生的静电会很快导入大地，不会造成静电荷的积累。不穿易产生静电的服装从事柴油、汽油灌装等作业。

任务1　汽油的选用与管理

【任务目标】

1. 认识汽油的特性。
2. 掌握汽油的选用与管理方法。

【任务准备】

汽油外观为透明液体，可燃，馏程为 30～220℃，主要成分为 C_5～C_{12} 脂肪烃和环烃类，并含少量芳香烃，汽油具有较高的辛烷值，由石油炼制得到的直馏汽油组分、催化裂化汽油组分、催化重整汽油组分等不同汽油组分经精制后与高辛烷值组分经调和制得。

汽油具有蒸发性、抗爆性、安定性、安全性和腐蚀性等特性。蒸发性：指汽油在汽化器中蒸发的难易程度。对发动机的起动、暖机、加速、气阻、燃料耗量等有重要影响。汽油的蒸发性由馏程、蒸气压、气液比 3 个指标综合评定。馏程：指汽油馏分从初馏点到终馏点的温度范围。航空汽油的馏程范围要比车用汽油的馏程范围窄。蒸气压：指在标准仪器中测定的 38℃蒸气压，是反映汽油在燃料系统中产生气阻的倾向和发动机起机难易的指标。车用汽油要求有较高的蒸气压，航空汽油要求的蒸气压比车用汽油低。气液比：指在标准仪器中，液体燃料在规定温度和大气压下，蒸气体积与液体体积之比，气液比是温度的函数，用它评定、预测汽油气阻倾向，比用馏程、蒸气压更为可靠。抗爆性：指汽油在各种使用条件下抗爆震燃烧的能力。车用汽油的抗爆性用辛烷值表示。辛烷值越高，抗爆性越好。汽油抗爆能力的大小与化学组成有关。带支链的烷烃以及烯烃、芳烃通常具有优良的抗爆性。规定异辛烷的辛烷值为 100，抗爆性好；正庚烷的辛烷值为 0，抗爆性差。汽油辛烷值由辛烷值机测定。高辛烷值汽油可以满足高压缩比汽油机的需要。汽油机压缩比高，则热效率高，可以节省燃料。提高汽油辛烷值主要靠增加高辛烷值汽油组分，但也通过添加 MTBE 等抗爆剂来实现。汽油的牌号是按辛烷值划分。安定性：指汽油在自然条件下，长时间放置的稳定性。用胶质和诱导期及碘价表征。胶质越低越好，诱导期越长越好，国家标准规定，每 100 mL 汽油实际胶质不得>5 mg。碘价表示烯烃的含量。腐蚀性：指汽油在存储、运输、使用过程中对储罐、管线、阀门、汽化器、气缸等设备的不产生腐蚀的特性。用总硫、硫醇、铜片实验和酸值表征。安全性：汽油安全性能的指标主要是闪点，国家标准严格规定的闪点值为≥55℃。闪点过低，说明汽油中混有轻组分，会对汽油贮存、运输、使用带来安全隐患，还会导致汽车发动机无法正常工作。

汽油按牌号来生产和销售，牌号规格由国家汽油产品标准加以规定，并与不同标准有关。目前我国国Ⅴ的汽油牌号有 3 个，分别为 89 号、92 号、95 号(附录中有 98 号)。汽油的牌号是按辛烷值划分的。例如，95 号汽油指与含 95%的异辛烷、5%的正庚烷抗爆性能相当的汽油燃料。标号越大，抗爆性能越好。应根据发动机压缩比的不同来选择不同牌号的汽油，这在每辆车的使用手册上都会标明。压缩比在 8.5～9.5 的中档轿车一般应使用 92 号汽油，压缩比>9.5 的轿车应使用 95 号汽油。国产轿车的压缩比一般在 9 以上，最好使用 92 号或 95 号汽油。高压缩比的发动机如果选用低牌号汽油，会使汽缸温度剧升，汽油燃烧不完全，机器强烈震动，从而使输出功率下降，机件受损，耗油及行驶无力。低压缩比的发动机硬要用高标号油，就会出现“滞燃”现象，即压到了头它还不到自燃点，一样会出现燃烧不完全现象，对发动机也没什么好处。国家标准对汽油各种化学成分的含量，如苯和烯烃，也有严格的规定。烯烃的含量过高，汽油不能完全燃烧，从而产生一种胶状物质，聚积在进气歧管及气门导管部位。在发动机处于正常工作温度时，无异常现象；而当发动机熄火冷却一段时间后，这些胶质会把气门粘在气门导管内。这时起动发动机，就会发生顶气门现象。有毒的苯含量规定不得超过 1%。

市场上汽油的标号代表汽油的辛烷值，也就是代表汽油的抗爆性，与汽油的清洁无关。所谓“高标号汽油更清洁”的说法纯属误导。按照发动机的压缩比或汽车使用说明书的要求加油，更科学、更经济，并能充分发挥发动机的效率。

汽油质量的主要控制指标包括：抗爆性（研究法辛烷值、马达法辛烷值、抗爆指数）、硫含量、蒸气压、烯烃含量、芳烃含量、苯含量、腐蚀、馏程等。2014年1月起全国通用车用汽油国Ⅴ标准。国家质检总局和国家标准委发布第四阶段车用汽油强制性国家标准。2017年底全国执行。硫含量是车用汽油中最关键的环保指标，为进一步减少汽车污染物排放，国Ⅴ标准将硫含量指标限值由第四阶段的50 mg/L降为10 mg/L，降低了80%。锰对人体健康具有潜在风险，对车辆排放控制系统也会产生不利影响。国Ⅴ标准采取预防的原则，将锰含量指标限值由第四阶段的8 mg/L降低为2 mg/L，规定不得人为加入。为了进一步降低汽油蒸发排放造成的光化学污染，减少汽车发动机进气系统沉积物，国Ⅴ标准将烯烃含量由第四阶段的28%降低到24%。由于降硫、禁锰引起的辛烷值减少，第五阶段车用汽油牌号由90号、93号、97号分别调整为89号、92号、95号；同时考虑汽车工业发展的趋势，在标准的附录中增加了98号车用汽油的指标要求。

【任务实施】

1. 汽油泄漏应急处理

用水桶盛水代替汽油，进行泄漏后的应急处理训练。学生以小组为单位，根据泄漏量的不同，设计并实施不同的处理方案。

2. 汽油的选用

列举不同型号的汽油发动机，学生以小组为单位查找相关资料，确定选择汽油牌号。以现场汽油发动机为例，分析选用不同牌号汽油的效果。

3. 汽油的储存条件

用不同烧杯盛相同容量的各牌号汽油，观察在不同条件下的储存效果，并分析该条件对汽油的影响。

【任务巩固】

1. 汽油泄漏应急处理

迅速撤离泄漏污染区人员至安全区，并进行隔离，严格限制出入，切断火源。建议应急处理人员戴自给正压式呼吸器，穿消防防护服。尽可能切断泄漏源，防止进入下水道、排洪沟等限制性空间。**小量泄漏：**用砂土、蛭石或其他惰性材料吸收，或在保证安全的情况下，就地焚烧。**大量泄漏：**构筑围堤或挖坑收容；用泡沫覆盖，降低蒸气灾害。用防爆泵转移至槽车或专用收集器内，回收或运至废物处理场所处置。**防护措施：**呼吸系统一般不需要特殊防护，高浓度接触时可佩戴自吸过滤式防毒面具（半面罩），眼睛一般不需要特殊防护。高浓度接触时可戴化学安全防护眼镜，身体穿防静电工作服，手戴防苯耐油手套。**急救措施：**皮肤接触立即脱去被污染的衣着，用肥皂水和清水彻底冲洗皮肤并就医。眼睛接触立即提起眼睑，用大量流动清水或生理盐水彻底冲洗至少15 min并就医。迅速脱离现场至空气新鲜处，保持呼吸道通畅。如呼吸困难给输氧，如呼吸停止立即进行人工呼吸并就医。误服后饮牛奶或用植物油洗胃和灌肠并就医。灭火方法：喷水冷却容器，可能的话将容器从火场移至空旷处，灭火剂选用泡沫、干粉、二氧化碳。

2. 汽油的选用

根据汽车生产厂家规定选用汽油。不按照使用说明书规定的要求选用规定标号的汽油，若高压缩比的发动机选用低标号汽油，发动机极容易产生爆震，发动机爆震过久，容易造成活塞烧顶、环岸烧损、活塞环断裂等故障，加速了机件的损坏；若低压缩比的发动机选用高标号的汽油，生产成本增加；如果发动机使用电喷系统和废气净化装置，规定必须使用无铅汽油，如果长时间使用有铅汽油，会使电喷系统和废气净化装置早期失效或损坏。根据发动机压缩比选用汽油，压缩比为7.0～8.0的汽油机应选用89号汽油；压缩比在8.0以上的汽油机应选用92号或95号汽油；如果所用标号汽油的抗爆性不能满足该车型要求时，应选用更高一级标号的汽油。根据机械使用条件选用汽油，在选用汽油标号时，还要考虑发动机使用条件、海拔高度、大气压力等因素，经常处于大负荷、大扭矩、低转速状况下使用的汽油机容易产生爆震，应选用较高辛烷值的汽油；高原地区由于大气压力小，空气稀薄，汽油机工作时爆震倾向减小，可适当降低汽油的标号。

3. 使用汽油时应注意事项

不要用加铅汽油作清洁或溶剂油，以防铅中毒；不要用橡胶溶剂油，油漆溶剂油和工业汽油代替车用汽油。汽油中不应掺入煤油等，不要使用长期存放或已变质的汽油。牌号相近的汽油可暂时代用。用低牌号汽油代替高牌号汽油时，应适当推迟点火提前角，以免发生爆燃，用高牌号汽油代替低牌号汽油时，应适当加大点火提前角，以提高发动机的输出功率。

想一想

1. 汽油牌号的划分方法是什么？主要牌号有哪几种？
2. 汽油中的重要环保指标是什么？为什么？

任务2 柴油的选用与管理

【任务目标】

1. 认识柴油的特性。
2. 掌握柴油的选用与管理方法。

【任务准备】

柴油主要由原油蒸馏、催化裂化、加氢裂化、减粘裂化、焦化等过程生产的柴油馏分调配而成（还需经精制和加入添加剂）。柴油是复杂的烃类混合物，碳原子数为10～22。柴油机较汽油机热效率高，功率大，燃料单耗低，比较经济。

柴油分为轻柴油（沸点范围180～370℃）和重柴油（沸点范围350～410℃）两大类。柴油使用性能中最重要的是着火性和流动性，其技术指标分别为十六烷值和凝点，我国柴油现行规格中要求含硫量控制在0.5%～1.5%。柴油按凝点分级，轻柴油有10、5、0、－10、－20、－35、

－50 七个牌号，重柴油有 10、20、30 三个牌号。一般来讲，5＃柴油适合于气温在 8℃以上时使用；0＃柴油适用于气温在 4～8℃时使用；－10＃柴油适用于气温在 4～－5℃时使用；－20＃柴油适用于气温在－5～－14℃时使用；－35＃柴油适用于气温在－14～－29℃时使用；－50＃柴油适用于气温在－29～－44℃或者低于该温度时使用。

柴油的主要指标有：燃烧性、蒸发性、流动性、安定性和腐蚀性等。燃烧性也称着火性，十六烷值是表示柴油在发动机中着火和燃烧性能的重要指标。柴油的十六烷值高，其自燃点低，在柴油机气缸中容易自燃，发动机工作平稳；柴油的十六烷值如果过低，燃料着火困难，会产生不正常燃烧，降低发动机的功率。但柴油的十六烷值也不宜过高，如果过高，柴油不能完全燃烧，耗油量增大，通常车用柴油的十六烷值应在 45～60 范围内。蒸发性，柴油的蒸发性过强或过差都不适宜，柴油的蒸发性主要用馏程和闭口闪点来评定。馏程，50％回收温度，该温度越低，说明柴油中轻质组分越多，蒸发性越好，使柴油易于启动。标准中规定 50％回收温度不高于 300℃。90％回收温度和 95％回收温度，该温度越低，说明柴油中重质组分越少，可以提高柴油的燃烧性能和柴油机的动力性能，降低油耗，减少机械磨损。标准中规定 90％回收温度和 95％回收温度分别不高于 355℃和 365℃。闪点，既是控制柴油蒸发性的项目，也是保证柴油安定性的项目。一般认为轻质燃料在储运时，其闪点高于 35℃就是安全的。标准中规定 0 号柴油的闪点不低于 55℃。流动性，主要由黏度、凝点、冷滤点来表示。标准中要求 0 号轻柴油在 20℃时的运动黏度在 3.0～8.0 mm^2/s，只有在这个范围内，才能保证柴油对发动机燃油供给系统有较好的润滑性，保证柴油有较好的雾化性能和供给量，从而使柴油有较好的燃烧性能。凝点、冷滤点是评定柴油低温流动性两个主要指标，我国柴油就是按凝点划分牌号的，凝点是柴油不能流动的最高温度。但实际使用中，在柴油完全凝固前，便有蜡结晶析出，结晶达到一定尺寸，就可能造成过滤器滤网堵塞，使柴油并未达到凝点前便不能使用。在规定条件下柴油不能通过滤网的最高温度，叫柴油的冷滤点。冷滤点与柴油的使用性能有良好的对应关系，各牌号柴油的实际使用温度范围就是按冷滤点来划分的。柴油的安定性对发动机影响与汽油类似。柴油安定性差，容易氧化变质，颜色加深变黑，沉淀物和胶质增大，堵塞过滤器，容易在燃烧室形成大量积炭，柴油喷射系统形成漆膜并使活塞环黏结和加大磨损，对柴油的储存和使用有很大影响。柴油的安定性指标主要用 10％蒸余物残炭和总不溶物表示，同时色度的大小及变化也可以反映出柴油安定性的好坏。柴油的腐蚀性基本同汽油腐蚀性一样，它通过硫含量、酸度、铜片腐蚀三个指标加以控制。

石油的密度随着其组成中的碳、氧、硫的含量的增加而增大。由于密度随温度的升高而减小，我国一般用 20℃下测定的密度，称为标准密度，柴油的标准密度一般为 0.81～0.86 g/mL。视密度是指在试验温度（环境温度）下的密度，一般客户在接受油品测的密度为视密度。柴油密度过小，会使发动机产生爆震，耗油量增大；密度过大，则柴油不能充分燃烧，并在汽缸内和喷嘴上产生积炭，造成气缸的磨损和堵塞油路，使耗油量增大。水分和机械杂质是大多数石油产品的重要质量指标。油品在储运过程中可能由于种种原因混入水分和机械杂质，对于油品的使用是有害的。会堵塞供油系统的管线和过滤器，增加用油机械设备的磨损等。柴油中含水时，不但设备增加腐蚀和降低效率，而且会使燃烧过程恶化。在低温情况下，燃料中的水分会结冰堵塞发动机油路，影响供油。色度是表示柴油颜色的指标，国家标准中规定轻柴油的色度≤3.5。柴油的色度跟原油品质、炼油工艺、精制程度都有关系。不同炼厂出品的柴油颜色会有较大差异。

【任务实施】

1. 柴油凝点检测

取约 200 mL 柴油注入容积约 300 mL 干净、干燥的塑料瓶中盖好、包好，放到冰箱中冷冻 1～2 h 取出，用量程适当的温度计插入瓶中，让柴油溶解，测其熔点，学生以小组为单位，根据凝点的不同，鉴定柴油牌号，并分析该牌号柴油的适用条件。

2. 柴油的储存条件

用不同塑料瓶盛相同容量的各牌号柴油，观察在不同条件下储存效果，包括柴油的颜色和气味，并分析该条件对柴油的影响。

【任务巩固】

1. 牌号选择

柴油的标号是以凝点作为指标，因此顾名思义，0 号柴油的凝点为 0℃。我国各地气温差距较大，夏天气候炎热，平均气温在 20℃以上，因此凝点高不会对机械产生太大的影响，但在冬季，若凝点过高，则会造成机械输油管堵塞、熄火。当发现机械产生上述故障或使用的柴油结蜡时，可以判定该柴油牌号不符合要求。

2. 0 号柴油质量的简易鉴定

看颜色，合格的 0 号柴油的颜色一般为淡黄色或黄色，且清澈、透明。若发现 0 号柴油浑浊或黑色、无色时，多为不合格。闻味道，合格的 0 号柴油，有油腻味或刺激性气味，若发现有臭味时，多为不合格。看密度，常温下 0 号柴油的比重为 0.85 左右，若密度太高，则说明该柴油干点过高，发动机在正常工作过程中容易燃烧不完、冒黑烟、积炭；若太低，则说明该柴油的低碳成分过多，机械正常工作过程容易产生爆震、机械加速无力或闪点过低。可以通过密度计检测，或在使用过程中发现上述现象时，可以初步判别该柴油质量有问题。闪点是衡量柴油着火危险性的指标，闪点越低，则发生着火的危险性越大。合格的 0 号柴油，国家标准要求的闪点为 55℃(闭口)，然而，只要向其混入一小部分低沸点烃，其沸点就会骤然下降，特别敏感。因此，若有条件可以用闪点仪测量，简单方便；若无条件可以取少许柴油，敞口在太阳下，闪点较低时，可以看到油品挥发出来的大量烟气。

想一想

1. 柴油牌号的划分方法是什么？主要牌号有哪几种？

2. 选用不同牌号的柴油对柴油发动机有哪些影响？

任务3　润滑油的选用与管理

【任务目标】

1. 认识润滑油的特性。
2. 掌握润滑油的选用与管理方法。

【任务准备】

一、机油

机油，即发动机润滑油，能对发动机起到润滑减磨、冷却降温、密封防漏、防锈防蚀、减震缓冲等作用。机油由基础油和添加剂两部分组成。基础油是润滑油的主要成分，决定着润滑油的基本性质；添加剂则可弥补和改善基础油性能方面的不足，赋予某些新的性能。

润滑油在飞溅和循环润滑中，不断与各种金属部件和空气接触，在金属的催化作用下，促使油料逐渐老化变质。润滑油在发动机中与各处高温机件接触，如气缸壁上部的温度为190～290℃，曲轴箱中油温平均为100℃，油料在这样高的温度条件下会因剧烈氧化而变质。燃烧废气及没有完全燃烧的混合气也会通过各种缝隙窜入曲轴箱，它们会使润滑油产生油泥、酸性物质，最后造成润滑油变质失效。灰尘、金属磨屑、燃烧后产生的积炭等，都会使润滑油质量下降。因此，发动机中润滑油的工作条件是极为苛刻的，而润滑油又是维持发动机正常工作所不可缺少的，这就对发动机润滑油性能提出了较高的要求。

倾点是油品试样在规定的试验条件下，被冷却的试样能够流动的最低温度。润滑油试样在规定的试验条件下冷却至停止流动时的最高温度称为凝点，凝点和倾点都是表示油品低温流动性的指标，二者无原则差别，只是测定方法有所不同。同一试样测得的凝点和倾点并不是完全相等，一般倾点都高于凝点2～3℃，但也有两者相等或倾点低于凝点的情况。100℃运动黏度是机油的一项主要质量指标。使用机油首先必须正确地选择黏度。黏度过大，会导致启动困难、消耗动力；黏度过小，则会减弱密封性能，降低机油压力、造成供油短缺，导致机件磨损。低温动力黏度是预示发动机在低温条件下能否顺利启动的黏度指标，该黏度以冷启动模拟机(CCS)测试，在同一种低温条件下，测出的该黏度值越小，说明机油的冷启动性能越好。边界泵送温度是预测机油能维持正常泵送的最低温度，以小型旋转黏度计(MRV)测定，在高于此温度的条件下，机油能及时、连续、充分地被泵送至各润滑部位，避免发动机启动磨损。

抗泡性是表示油品通入空气或搅拌时发泡体积的大小，以及消泡的快慢等性能。在石油产品技术标准中，抗泡性以前24℃、93℃、后24℃三个温度条件下的泡沫倾向/泡沫稳定性的毫升数来表示。其值越小，润滑油的抗泡性越好。总酸值TAN，中和1 g油品中的酸性物质所需要的氢氧化钾毫克数称为酸值，用mgKOH/g油表示。酸度的测量是油品氧化和化学损坏的反映。如果 TAN 变高说明油品氧化变大，对金属表面防止产生化学腐蚀的能力变低。对于在用油品，当酸值增大到一定数值时，就必须换掉。总碱值 TBN，在规定的条件下滴定时，中和 1 g 试样中全部碱性组分所需高氯酸的量，以当量氢氧化钾毫克数表示，称为润滑油或添加剂的总碱值。总碱值表示试样中含有有机和无机碱、氨基化合物、弱酸盐如皂类、多元酸的碱性盐和重金属的盐类。内燃机油的总碱值则可间接表示其所含清净分散剂的多少。因而总碱值为内燃机油的重要质量指标。在内燃机油的使用过程中，分析其总碱值的变化，可以反映出润滑油中添加剂的消耗情况。抗乳化性，评估润滑油和水分离的能力。40 mL 的油和 40 mL 的蒸馏水在 54℃情况下混合 5 min 后开始计时，当乳化液缩减到 3 mL 时的时间将被记录下来。例如：40/37/3(30)的意思是 40 mL 的油，37 mL 的水，3 mL 的乳化液，在 30 min 后形成。密度不同的物质体积相同但重量不同，密度定义是每升有多少克，在正常情况下矿物油的密度小于 1(水的密度)，因此油浮在水上面，一些合成油它们的密度比 1 大则和水混合物静置后水会浮在上面。密度值接近 1 的可溶解油的物质是形成的一种稳定的乳化层。闪点就是在规定条件下，加热油品所逸出的蒸气和空气组成的混合物与火焰接触发生瞬间闪火时的最低温度称为闪点，以℃表示。闪点的测定方法分为开口杯法和闭口杯法。开口杯法用以测定重质润滑油的闪点；闭口杯法用以测定燃料和轻质润滑油的闪点。正如人们所知，用闭口杯法测试的温度比开口杯法测试的闪点温度较低，经验证明，开口杯法和闭口杯法的温度差别为 15℃左右。

机油级别可分为性能等级和黏度级别。性能等级是由 API(美国石油学会)对汽车发动机油的性能等级制订的标准。黏度级别是由 SAE(美国汽车工程师协会)对汽车发动机油的黏度等级制订的标准。柴油机润滑油用 C 开头，C 的含义是 Compression，压燃。S 代表汽机油，S 的含义是 Spark，点燃。汽油机油规格从 1930 年的 SA 发展到 2011 年颁布的最高档的 SN，分别是 SA、SB、SC、SD、SE、SF、SG、SH、SJ、SL、SM、SN，其中 SI 空缺是为避免与国际单位制缩写 SI 混淆，SK 空缺是为避免与韩国的 SK 石油公司混淆。柴油机油规格从 CA 发展到现在最高档的 CJ-4，分别是 CA、CB、CC、CD、CD-Ⅱ、CE、CF、CF-2、CF-4、CG-4、CH-4、CI-4、CI-4＋、CJ-4，其中 CD-Ⅱ和 CF-2 是二冲程柴油机油，CF 和 CD 的性能相差不多，只是发动机试验的要求较为严格而且应用范围更广。发动机机油的等级越高越能给发动机提供更强的抗氧化能力、更好的燃油经济性、对排放系统提供更有效的保护、对沉积物有更好的控制和更强的抗磨能力。黏度反映油品的内摩擦力，是表示油品油性和流动性的一项指标。选择润滑油时应选用合适的黏度和高黏度指数，使油品既具有足够的高温黏度来保证发动机在运转时的润滑和密封，又能在低温下有足够小的黏度来保证低温启动性能。黏度的选择通常是按气温条件，同时还要考虑负荷高低、转速大小或发动机的磨损程度等因素。如：SAE 15W-40 等。其中前面 15W 代表低温的黏度等级，低温黏度等级从 0W，5W，10W 一直到 25W。数字越小，低温性能越好。通常我们计算低温启动性，简单一点，W 前面的数字加“－35℃”就可以了。如“0W”就是最低可以在－35℃正常启动；后面 40 代表 100℃时的黏度等级，分为 20，30，40，50，60，数字越大，黏度越高。综上所述，SAE 15W-40 代表这种机油既达到冬季使用的 15W 级又能达到夏季使用的 40 级，也就是说这是可以全天候使用的复级机油。

二、齿轮油

齿轮油以石油润滑油基础油或合成润滑油为主,加入极压抗磨剂和油性剂调制而成的一种重要的润滑油。用于各种齿轮传动装置,以防止齿面磨损、擦伤、烧结等,延长其使用寿命,提高传递功率效率。齿轮油应具有良好的抗磨、耐负荷性能和合适的黏度。此外,还应具有良好的热氧化安定性、抗泡性、水分离性能和防锈性能。

在性能表现水平方面,一般按照美国石油协会的 API 质量等级来划分。API 按照齿轮油中极压添加剂的具体添加量规定了齿轮油的运作表现和质量水平,分为 GL-1、GL-2、GL-3、GL-4、GL-5、GL-6 六个等级。其中 GL-1、GL-2、GL-3 因等级太低已不再使用,GL-4 及 GL-5 均可用于双曲线齿轮及其他苛刻条件下工作的齿轮,GL-6 因汽车设计的变化也已停止使用。车辆齿轮油黏度等级一般遵循美国汽车工程师学会的 SAE 黏度等级分类。SAE 规定了 100℃时的运动黏度范围和具体动力黏度下的最高温度,以保证高温时的足够黏度和低温时足够的流动性,避免因负载较大或供油不足引起的损伤。SAE 齿轮油黏度等级分为 70W、75W、80W、85W、80、85、90、110、140、190、250 几个等级。这里"W"系列是指该黏度适合应用于较低温度。可以同时满足低温黏度(例如 SAE80W)和高温黏度(例如 SAE 90)的黏度称为复式黏度,写作 SAE 80W/90(或 80W-90)。表示该油品在较低温度时或较高温度时都可以理想地顺畅变换齿轮并减少摩擦。

三、润滑脂

润滑脂是将一种或多种稠化剂分散于润滑液体中所组成的稳定的固体或半固体产品。这种产品可以加入改善某种特性的添加剂和填料。可见润滑脂的主要组成包括:稠化剂、基础油、添加剂和填料。

在规定条件下的润滑脂达到一定流动性时的最低温度叫作滴点,以℃表示。不同种类的润滑脂,其滴点有较大的差异。如复合锂基脂的滴点要高于锂基润滑脂,而锂基脂的滴点要高于钙基润滑脂。滴点越高,其耐热性越好,使用温度越高,润滑脂的滴点应比使用温度高 20~30℃。锥入度是表示润滑脂软硬的项目。锥入度越大,稠度越大,稠度越小,润滑脂就越软。反之,则润滑脂越硬,稠度越大。绝大多数润滑脂是根据锥入度大小来分号的。国际上用美国润滑脂学会(NLGI)的稠度等级进行分类。在 25℃时,总荷重为(150±0.25) g 的标准锥在 5 s 内垂直穿入润滑脂试样的深度叫润滑脂锥入度,以 0.1 mm 表示。

车辆目前普遍使用通用锂基润滑脂(2 号或 3 号),其使用温度范围为-30~110℃。对于工作温度较高的地方,可采用复合锂基润滑脂。对慢速且高压高负荷的轴瓦,或采用加有二硫化钼或石墨或极压添加剂的润滑脂。

四、液压油

液压油就是利用液体压力能的液压系统使用的液压介质,在液压系统中起着能量传递、抗磨、系统润滑、防腐、防锈、冷却等作用。对于液压油来说,首先应满足液压装置在工作温度下与启动温度下对液体黏度的要求，由于润滑油的黏度变化直接与液压动作、传递效率和传递精度有关，还要求油的黏温性能和剪切安定性应满足不同用途所提出的各种需求。抗磨液压油（HM液压油）是从防锈、抗氧液压油基础上发展而来的，它有碱性高锌、碱性低锌、中性高锌型及无灰型等系列产品，它们均按40℃运动黏度分为22、32、46、68四个牌号。液压系统用油一般应满足如下要求：黏度适当，黏温特性好，在使用温度范围内，油液的黏度随温度的变化越小越好；润滑性能好，防锈能力强；质地纯净，杂质少，不含有腐蚀性物质，以免侵蚀零件及密封性；对金属和密封件有良好的相容性；氧化稳定性好，长期工作不易变质，油液氧化变质会产生胶状生成物，从而堵塞滤油器和阀类阻尼小孔；抗泡沫性和抗乳化性好，闪点和燃点高，流动点和凝固点低等。

【任务实施】

1. 润滑油质量检测

取新润滑油和从实验用发动机上使用的润滑油，分别用塑料瓶盛装，学生以小组为单位，根据观测，鉴定润滑油的新旧、使用程度，并探讨分析依据。

2. 润滑油牌号检测

取约200 mL润滑油注入容积约300 mL干净、干燥的塑料瓶中盖好、包好，放到冰箱中冷冻1～2 h取出，用量程适当的温度计插入瓶中，观测温度与流动性的关系，学生以小组为单位，根据观测，鉴定机油油牌号，并分析该牌号机油的适用条件。

3. 齿轮油的选用

咨询本地农户常用拖拉机型号，分析该拖拉机选用齿轮油牌号。查找相关拖拉机说明书，比对指定齿轮油选用牌号，分析选用依据。

【任务巩固】

一、润滑油简易鉴定

1. 油流观察法

取两只量杯，其中一只盛有待检查的润滑油，另一只空放在桌面上，将盛满润滑油的量杯举高离开桌面30～40 cm并倾斜，让润滑油慢慢流到空杯中，观察其流动情况，质量好的润滑油油流时应该是细长、均匀、连绵不断，若出现油流忽快忽慢，时而有大块流下，则说明润滑油已变质。

2. 手捻法

将润滑油捻在大拇指与食指之间反复研磨，较好的润滑油手感到有润滑性、磨屑少、无摩擦，若感到手指之间的砂粒之类较大摩擦感，则表明润滑油内杂质多，不能再用，应更换新润滑油。

3. 光照法

在天气晴朗的日子，用螺丝刀将润滑油箱盖撩起，与水平面呈45°角。对照阳光，观察油滴情况，在光照下，可清晰地看到润滑油中无磨屑为良好，可继续作用，若磨屑过多，应更换润滑油。

4. 油滴痕迹法

取一张干净的白色滤纸，滴油数滴在滤试纸上，待润滑油渗漏后，若表面有黑色粉末，用手触摸有阻涩感，则说明润滑油里面杂质较多，好的润滑油无粉末，用手摸上去干而光滑。滤纸斑点试验。现场检测油质可用此法，将滤纸平放在垫环上(或杯口中)，在热车时采样，从发动机油底壳中拔出油标尺，向滤纸上滴上一滴，在常温下放置 3 h，扩散环消失，则说明机油已失去分散性，应当换油。

二、车辆齿轮油的选用

1. 根据齿轮工作条件的苛刻程度选用使用等级

齿轮工作条件的苛刻程度是由齿轮的类型及其工作时的负荷和表面滑移速度决定的。普通齿轮传动可选用普通车辆齿轮油，准双曲面齿轮传动必须选用准双曲面齿轮油。若汽车在山区或满载拖挂行驶，并经常处于高负荷状态下，工作苛刻、油温较高，也可以选用准双曲面齿轮油。

2. 依据季节气温选择黏度等级

齿轮油的黏度等级一般是根据不同地区或季节的气温情况来选择的。气温高时，选择黏度高的齿轮油；反之，气温低时，选择黏度低的齿轮油。如长江流域及其他地区冬季气温不低于－10℃的地区，全年可用 90 号油。长江以北冬季气温不低于－26℃的寒区，全年可用 80W/90 油。黑龙江、内蒙古、新疆等冬季气温在－26℃以下的严寒地区，冬季使用 75W 号油，夏季换用 90 号油。其他地区全年可用 85W/90 油。

三、润滑脂使用技巧

1. 加注量不宜过多，采用空毂润滑

空毂润滑是指在润滑车辆前、后轮轴承时，只在轴承上装满润滑脂，轮毂内腔仅薄薄地涂上一层润滑脂防锈。但有人习惯于将轮毂空腔也填满润滑脂，这样做实际上影响了轴承的散热，使润滑脂更容易变质和流失，流出来的润滑脂还会造成制动失灵，酿成事故。所以在实际工作中，应采用空毂润滑。

2. 保持清洁，避免混用

加注润滑脂时应特别注意，涂脂前零部件必须经溶剂油洗干净并吹干，然后重新加注润滑脂。在更换润滑脂时，要注意不同种类的润滑脂不能混用。新润滑脂和旧润滑脂也不能混合，即使是同类的润滑脂都不可新旧混合使用。因为旧润滑脂含有大量的有机酸和杂质，将会加速新润滑脂的氧化，所以在换润滑脂时，一定要把旧废润滑脂清洗干净，才能加入新润滑脂。盛装、分发润滑脂时，要检查容器及工具是否清洁。盛装润滑脂的容器要盖严，防止机械杂质混入。使用时，若发现润滑脂表面有灰尘、杂物等，应当刮去，切不可搅混。分发润滑脂应当使用专用工具，容器、工具用过后应用塑料袋套上。挖取润滑脂后，剩余的润滑脂表面应刮平，以防止分油。

3. 润滑脂在贮存中有时会出现分油现象

适量分油是正常的。润滑脂如果静止储存一定时间后，由于受到重力的影响，有时打开后会看到润滑脂表面会有一些油析出，这种现象叫分油现象，少量的分油对质量影响不大，可继续使用。但如果出现大量分油时，表明润滑脂的贮存时间已太长了，本身已出现显著变化，胶体安定性变差，则不宜继续使用。

四、发动机技术状态调整

发动机工作一定小时后，各种技术参数都会发生不同程度的变化。喷油泵的调试包括，喷油泵各缸的供油开始位置的确定，供油量的检验与调整，喷油泵总成密封性的检验，调速器特性的检验与调整，喷油泵附属件的检验与调整，喷油器的喷油压力检查与调整，雾化质量及其分布状态的检查，密封性的检查，以及调试的工作环境、技术条件和设备配置的要求。技术参数优化包括喷油压力、喷油提前角、气门间隙、配气相位、气缸压力、转速、机油压力和出油阀保压时间等项目的检测和优化调整。润滑油监控包括润滑油换油标准和换油周期的确定，润滑部位相关系统工作状态的分析。农机润滑油的更换通常采用固定的换油周期。采用定期检测分析适时更换技术，可以避免按固定周期更换时将质量尚好的润滑油换掉，减少换油量，节约资源，减少废油污染。也可以发现未到更换时间但润滑油质量变差问题，避免润滑条件不良、磨损加剧，出现严重机械故障。

五、拖拉机作业机组技术状态调整

农机节油技术：农业机械成本一般包括六项即油料费、工资、日常维修费、大修提存费、折旧费和管理费。油料费是其中一项变动费用，特点是作业量越多则费用越大。不同的使用条件下，相同的农机作业，大、中型农用机车燃油消耗率相差可达到8%左右，小型农用机车的燃油消耗率相差能够高达13%左右。

农机节油：要保证拖拉机和作业机具运行的可靠性，即故障间隔越长越好，修理时间、待机时间越短越好。作业时间尽量避开寒冷季节，作业过程中尽量减少空转、空驶、迂回并缩短作业行走总路程，减少无效能耗。机组配置合理，避免大马拉小车或小马拉大车现象，以合理的挡位、速度作业，尽量减少拖拉机自身能量消耗。

节约用油：首先不要多加油，发动机的机油超过油标尺的上刻度线，机油容易窜入燃烧室，形成烧机油，不仅使机油的消耗量增加，而且会在活塞顶部及气门座上产生大量的积碳，加速机械零件的磨损。其次少用不等于节约，机油低于油标尺的下刻度线，农用机车在下坡、过坎或急刹车制动时，可能使机油泵吸空，造成润滑不良。最后尽量不要新旧机油混合使用，旧的机油会降低新机油的使用效果。

项目 2

冷却液的选用

【项目描述】

冷却液是保证水冷式发动机正常工作不可缺少的工作介质，若发动机过热就会造成充气效率下降，致使发动机功率降低，早燃和爆燃的倾向加大，过早损坏零部件，使运动机件之间正常的间隙受到破坏，零件不能正常运动，甚至卡死、损坏。使润滑油黏度减小，恶化运动件间的润滑，加剧零件磨损。若发动机过冷，就会导致进入气缸的混合气品质差，造成发动机功率下降油耗上升，导致燃烧生成物中的酸性物质腐蚀零部件，未燃的燃料冲刷和稀释运动件表面的润滑油膜使其磨损加剧。故对于使用者来说，必须了解冷却液的性能特点，掌握冷却液的正确使用方法。

冷却液的作用不单是为了冬季防冻，优质冷却液还有以下其他特殊功能。

防结冰：冷却液的首要功能是防止在寒冷冬季停车时，冷却液结冰而胀裂散热器和冻坏发动机气缸体或盖，其主要指标是冷却液的冰点。冷却液的沸点越高，其冰点就越低。优质冷却液的冰点为－25～－50℃，能有效防止冬季结冰现象的发生，避免散热器、气缸体、气缸盖等因冷却液结冰而冻裂现象的发生。防"开锅"，水的沸点为100℃，不能满足现代汽车发动机正常水温95～105℃高的要求，故夏季会经常出现发动机"开锅"的现象。优质冷却液的沸点在107℃以上，如果闭式散热器盖的密封性能良好，则在水蒸气压力的作用下，散热器内冷却液的沸点可达110℃以上。而汽车上的电动风扇在95℃左右即开始工作。如果冷却系统工作正常，则能有效防止"开锅"现象的发生。

防水垢：结垢是在散热器等表面上附着有不溶性盐类或氧化物晶体所致。水垢不但影响散热器的正常散热，而且更容易造成冷却系统循环管道的堵塞，因此必须严格控制配制冷却液的水质、冷却液的添加要求。优质冷却液中都添加有阻垢剂，大大减少了水垢的产生，保证了冷却系统良好的散热效果。

防腐蚀：腐蚀是指金属处在自然环境中由于化学反应、电化学过程及物理作用而遭破坏的过程。冷却液中添加有缓腐剂，能有效地对铸铁、铸铝、钢、铜等金属材料的表面起到保护作用，同时对冷却系统中的非金属材料如橡胶、塑料等能阻止或减缓其溶解、鼓胀、老化等，延长使用寿命。

防穴蚀：穴蚀是一种物理现象。它是指相对于液体运动的固体表面，因气泡破裂产生局部冲击高压或局部高温所引起的零件表面金属剥落现象。在采用自来水作为冷却介质的发动机上，水在水泵的低压腔内产生气泡，压出水泵后气泡破裂，产生较高的气体压力，使气缸外表面产生腐蚀。为防止此类现象的发生，冷却液中添加有防穴蚀剂，能有效地保护水泵外壳和气缸外表面。

任务1 冷却水选用

【任务目标】

1. 认识水的特性。

2. 掌握农机用水的选用和处理方法。

【任务准备】

农机上用冷却水主要集中在手扶拖拉机固定水泵座机上，取水最简易的方法就是自来水。

自来水是指通过自来水处理厂净化、消毒后生产出来的符合相应标准的供人们生活、生产使用的水。生活用水主要通过水厂的取水泵站汲取江河湖泊及地下水、地表水，由自来水厂按照《国家生活饮用水相关卫生标准》，经过沉淀、消毒、过滤等工艺流程的处理，最后通过配水泵站输送到各个用户。水源经处理过程中，主要的指标有微生物指标、毒理指标、感官性状和一般化学指标、放射性指标等。

自来水中含有各种离子成分，在内燃机的冷却循环中，会使散热器锈蚀，产生水垢使散热能力下降，因此尽量不要直接使用自来水作为冷却水。常用的简易水处理方案有树脂吸附去离子法、加热去离子法或蒸馏法。

强酸性阳离子树脂水处理。这类树脂含有大量的强酸性基团，如磺酸基—SO_3H，容易在溶液中离解出 H^+，故呈强酸性。树脂离解后，本体所含的负电基团，如 SO_3^{2-}，能吸附结合溶液中的其他阳离子。这两个反应使树脂中的 H^+ 与溶液中的阳离子互相交换。强酸性树脂的离解能力很强，在酸性或碱性溶液中均能离解和产生离子交换作用。树脂在使用一段时间后，要进行再生处理，即用化学药品使离子交换反应以相反方向进行，使树脂的官能团回复原来状态，以供再次使用。如上述的阳离子树脂是用强酸进行再生处理，此时树脂放出被吸附的阳离子，再与 H^+ 结合而恢复原来的组成。

电瓶补水，必须采用蒸馏水。

【任务实施】

1. 水源观察

学生以小组为单位收集各种水源，瓶装日晒，定期观察水质状态并记录。

2. 电瓶加水处理

学生以小组为单位将拆下的电瓶进行充电保养，并补充缺失的水。

想一想

1. 自来水中有哪些离子成分?
2. 常用的水处理方法有哪些?

任务 2 防冻液选用

【任务目标】

1. 认识防冻液的特性。
2. 掌握防冻液的选用与管理方法。

【任务准备】

冷却液由水、防冻剂、添加剂三部分组成。按防冻剂成分的不同可分为酒精型、甘油型和乙二醇型等类型的冷却液。酒精型冷却液流动性好,散热快,价格便宜,配制方便,但沸点较低,易燃、易挥发使用不安全,挥发后冰点易升高,现已逐渐被淘汰。甘油型冷却液沸点高,挥发性小,不易着火,对金属腐蚀较小,但降低冰点的效率低,成本高,目前只有少数国家在使用。乙二醇型冷却液是目前最好的冷却液。它用乙二醇作为防冻剂并添加阻垢剂、缓蚀剂、抗泡沫剂等多种添加剂配制而成。这种冷却液具有沸点高、冰点低、挥发性小、冷却效率高、黏度小、流动性好、防腐、防垢和防沸等优点,是一种较理想的冷却液。目前国内外发动机所使用的冷却液几乎都是乙二醇型冷却液。它的缺点是有毒性,对橡胶有轻度的侵蚀。

对于传统发动机,能够保证发动机正常工作的冷却液温度值为 80～90℃。这样的冷却液温度可以保证气缸壁的温度为 200～300℃,气缸盖、活塞顶的温度为 300～400℃,机油的温度为 70～90℃,从而保证了发动机具有较好的动力性、经济性和排气净化性,使发动机运动部件的运动灵活,磨损正常。但对于现代电控发动机,由于其高转速、高压缩比和高功率的工作特点,其机械负荷及热负荷较大,摩擦热较高,因而对冷却液正常工作温度的要求已提高到 95～105℃。这与人们已形成的传统发动机冷却水为“正常水温”的观点不同,是需要人们转变的一个新的认识观念。与之相关的是,现代电控发动机的冷却介质更应使用冷却液而非冷却水,在发动机冷却介质的实际使用过程中,由于认识上的差异,有些驾驶员冬季使用发动机冷却液,夏季则改用自来水,原本认为采用这种方式既经济又实惠,但却给发动机留下了严重后患,自来水中的矿物质在高温状态下极易产生绝热性能较好的水垢,它覆盖在水套、散热器、冷却液温度传感器、温控开关等处,造成温度失控,电动风扇启动过迟,形成过热恶性循环。这是汽车发动机夏季频繁发生此类故障的主要原因。使用自来水作为冷却介质所产生的发动机故障一般发生在低速行驶阶段,当汽车高速行驶时,因有迎面风和电动风扇的双重作用,散热效果较好,水温一般不会超过正常值范围。但当汽车在市区低速行驶以及长时间使用空调时,因迎面风减小,加之空调冷凝器散发出的热积聚在散热器周围,导致水温上升,严重时导致散热器“开锅”,大量水蒸气冲出散热器盖进入膨胀水箱。因膨胀水箱容积有限，水蒸气的大量喷出使其无法容纳，结果进一步导致冲坏气缸垫，气缸盖翘曲变形、拉缸、烧瓦等恶性故障的发生。

冷却液牌号即为其冰点值，应根据车辆运行地域的不同，选择不同冰点的冷却液。建议选用牌号为：长江以北及长城以南地区为－25℃，东北和西北地区为－35℃。注意：不同厂家、不同牌号的冷却液不能混合使用，以免引起化学反应，破坏各自的性能，甚至损坏发动机。冷却液多为乙二醇水基型，对人体有一定的毒副作用，使用中严禁用嘴吮吸，手接触后要及时清洗，失效的冷却液不要随意抛洒，防止污染环境。

【任务实施】

1. 防冻液牌号检测

取约 200 mL 防冻液油注入容积约 300 mL 干净、干燥的塑料瓶中盖好、包好，放到冰箱中冷冻 1～2 h 取出，用量程适当的温度计插入瓶中，观测温度与流动性的关系，学生以小组为单位，根据观测，鉴定防冻液牌号，并分析该防冻液的适用条件。

2. 防冻液选用

咨询本地农户常用拖拉机型号，分析该拖拉机选用防冻液牌号。查找相关拖拉机说明书，比对指定防冻液选用牌号，分析选用依据。

3. 拖拉机添加防冻液

给指定的拖拉机添加防冻液。

【任务巩固】

1. 正确加注防冻液

加注冷却液时应适量。加注量不足将导致冷却效果不够，但也不能过量，因为乙二醇型冷却液膨胀系数较大，因此必须留出 5%左右的膨胀空间，以免冷却液溢出。膨胀水箱应按液位标记加注少量冷却液，使其充分发挥水气分离、恒压泵水、减少氧化和穴蚀的作用。冷却液加注时应缓慢，以防空气进入冷却系统，在加注的同时要注意排气。如果加注速度过快，混入大量的空气，好像已经加满，但在发动机启动后，液面会迅速下降，产生的气阻使冷却液无法正常循环，使冷却系统出现局部高温和腐蚀现象。因此在加完冷却液后，应启动发动机使其运行，以便于排气，当液面下降时，需要补充冷却液至规定要求。

2. 更换防冻液

防冻液在高温状态下长期使用后，必然会导致变质，从而使其性能下降，为此应定期更换防冻液，一般需每行驶 4 万～5 万 km 更换一次。防冻液使用中要实行定期检查，每年可结合换季保养对防冻液进行检查。检查内容应包括冰点检查、密度检查。同时还应对使用中的防冻液进行外观检查，发现密度增大、冷却液变稠、冰点上升以及冷却液变蚀、变质、变味、发泡等应及时更换。更换防冻液时应放尽旧液，将冷却系统清洗干净后，再换上新液。

模块六

农业机械技术维护

项目 1

农业机械保养保管

【项目描述】

农业机械是农业生产的重要物质技术基础，农机化管理工作，必须依靠技术进步，坚持使用维修与更新换代相结合，技术管理和经济管理相结合，专业管理和群众管理相结合的原则。各种农机具应贯彻“防重于治，养重于修”的原则，切实执行技术保养规程。动力机械要按主燃油耗量确定保养周期，按时、按号、按项、按技术要求进行保养，实现技术保养标准，确保机具经常处于完好的技术状态。拖拉机和各种动力机械要做到五净（油、水、气、机器、工具），四不漏（油、水、气、电），六封闭（柴油箱口、汽油箱口、机油加注口、机油检视口、汽化器、磁电机），一完好（技术状态）。农具要实行常年修理，达到三灵活（操作、转动、升降），五不（不松旷、不钝刃、不变形、不锈蚀、不缺件），一完好（技术状态）。

任务 1　农业机械技术保养

【任务目标】

1. 认识农业机械技术保养内容。
2. 掌握农机技术保养方法。

【任务准备】

农业机械的技术保养分为班保养和定期保养两种。班保养是在每班工作开始或结束时进行。定期保养是在拖拉机工作一定时间间隔之后进行。

动力机械的班次技术保养包括清外部油泥、尘土，并清除行走部分堵塞的草秆和泥块。检查并拧紧各处螺钉、螺母。检查油位和润滑各保养点。检查发动机及底盘各部分的运转情况，各仪表工作是否正常，操纵机构是否良。检查风扇皮带张紧度，履带下垂。检查空气粗滤器积尘杯中的灰尘。检查水箱水位。

动力机械的定期保养包括除完成“班次保养”项目外，清洗机油粗滤器。放出转向离合器和飞轮壳内的渗漏积油。检查主离合器、制动器踏板和转向离合器操纵杆的自由行程。液压系统中,向提升臂与油缸顶杆的连接套、中央拉杆回转铰链和上轴的黄油嘴都应注入润滑脂。清洗机油细滤器。更换发动机、喷油泵、调速器的润滑油。检查蓄电池电解液面高度。清洗启动机油箱沉淀杯和化油器浮子室滤网。清洗液压系统并更换液压油。往油底壳内加入相应季节应使用的机油。

配套机具的保养要及时清除机器上的泥土,各个润滑处要及时加注润滑剂,农机具在每个农业季节使用后,应检查全部零件,如有损坏或者严重磨损的应及时修理更换。农机具停用后,应彻底擦干净,在非油漆表面上油,以防锈蚀,农机具必须平放在室内干燥通风处,上面勿压重物,以防机器变形,必要时加以支垫。

割晒机的保养包括检查割晒机的各紧固件有无松动或失落现象,各运转部件是否灵活可靠,有无异常音响及卡死现象。升降操作机构是否灵活可靠。各润滑部位,对各注油点及时注油。割台不能悬挂放置。清除割晒机上的尘土、泥土、缠草及其他杂物。清除割刀间与压刃器间的泥草,并加注机油。每季作业结束,拆洗割台、悬挂机构各部件。检查各轴承齿轮箱中锥形齿轮磨损情况。检查刀梁等有无变形。更换磨损件,加注润滑油,放松输送带,脱漆部分应涂漆,割台应垫平存放,以防变形。

【任务实施】

1. 拖拉机班保养

学生以小组为单位,按照拖拉机使用手册的要求进行班保养。

2. 农机具班保养

学生以小组为单位,对旋耕机、铧式犁、整地机械进行班保养。

想一想

1. 高速插秧机技术保养包括哪些内容?
2. 精密播种机技术保养包括哪些内容?

任务2　农业机械技术保管

【任务目标】

1. 认识农业机械技术保管内容。
2. 掌握农机技术保管方法。

【任务准备】

农具管理要停放固定的地点,停放的农具应技术状态完好,排列整齐,涂油垫起,不准乱拆乱卸。容易变质、变形、锈蚀的部位,如电器、胶制品、纺织品、链条、刀片等应清洁后入库保管。油料要严格分清牌号,按类存放,装油容器和加油工具要保持清洁。油库要有可靠的安全设施。

农具管理要落实到人，油料、配件、材料的入库和领发，必须办理检验登记手续，做到账物相符。配件、材料要根据保管技术要求，摆放整齐，定期维护，防止腐蚀生锈，受潮变质或受压变形等现象。

动力机械发动机保管项目：分别向各缸筒内注入机油 100～150 g，用摇把转动发动机 20～30 圈，使机油能均匀地涂在缸壁上，以防锈蚀。封闭各进排气管口、加油口、检视孔和通气孔，将空气滤清器、汽化器、磁电机用布或塑料布加以封闭。放松主机风扇皮带，卸下发电机、电压调节器和大灯及电瓶等零件，妥善加以保管。

其他农机具保管项目：收获机入场入库前应彻底清除整机泥土、油污和杂余。将收割台、拾禾器放在机具平台或用支架垫起。放松各种安全离合器的弹簧。各接触摩擦部位、滑板、滑道、割刀、搅龙壳体及三角皮带轮槽等均涂油保管。耕地、整地、中耕机和植保机械彻底清理各机构、机架上的泥土、油污，紧固各部螺丝，润滑各摩擦部位，主要机件工作表面和刃部要涂油防锈，并放松弹簧。中耕机的单双翼铲、齿栓、培土铲应分别上架或入库保管。轮胎应包好或卸下入库保管。喷雾机械要彻底清理各部药物，容器内部要涂油防蚀，喷头要卸下入库保管。播种机械清理各部泥土、油污，将种子箱、肥箱清理干净，并将种箱、肥箱及排种、排肥装置涂油防锈。卸下输种管、输肥管、开沟器，开沟器片应涂油，上架和入库保管。

【任务实施】

1. 拖拉机入库保管

学生以小组为单位，按照农具停放场的管理规程保管拖拉机。

2. 农机具入库保管

学生以小组为单位，对旋耕机、铧式犁、整地机械按照农具停放场的管理规程保管。

【任务巩固】

一、拖拉机技术保管

(1)避免蓄电池曝晒，长期不用需卸下保管。电解液温度过高，极板易产生翘曲变形，使活性物质脱落，隔板受到损坏，故应避免蓄电池曝晒。

(2)按说明书要求添加润滑油。既保证高温润滑，又保证低温润滑。

(3)带有润滑油散热器的柴油机应及时调换润滑油散热器换向阀位置。

(4)条件允许，水箱里应加防冻液。夏季机车升温快，水箱易“开锅”，更容易生成水垢，应定期更换防冻液。

(5)冷却水温度过高时，不要马上停车，应低速小油门空运转一段时间，待水温下降后再停车，以防止发动机立即停车后散热不出来。

(6)使用带碾或脱粒机时，应在水箱散热器前面和水箱口上包一层铁纱网或尼龙纱布，以防污物进入水箱芯和管道，影响散热效果。另外，要在排气管上加装灭火罩，以防排气管排出火星发生火灾。

(7)拖拉机长时间连续工作时，要适时停车，检查轮胎的温度以及水温、油温、机温，杜绝高温。

(8)注意轮胎充气压力，一定要保持在规定范围内，或低于标准压力的2%～3%。

(9)不要把拖拉机长期停放在阳光下曝晒，以防轮胎过热而爆炸。

拖拉机等农业机械冬闲停放期间有三怕：一怕机体锈蚀。长期固定不动时，机体表面在空气中的氧、水蒸气的作用下，很容易发生化学反应，产生锈蚀点。所以拖拉机要停放在干燥的库棚内，并在必要的表面涂防锈漆或保护油。二怕橡胶制品类部件老化。橡胶制品类部件如轮胎等在阳光中的紫外线辐射下，会降低弹性，老化开裂。所以存放拖拉机的库棚，不能有直射阳光。三怕蓄电池长期不用而放电，导致极板硫化、电解液比重下降而结冰。所以蓄电池应从机械上卸下单独放置，外表面可用肥皂水擦洗干净，然后在电桩上涂上润滑脂或凡士林。每隔一个月进行一次补充充电。除此以外要进行如下常规保养：一是擦洗污泥，保护各部件外表清洁，减少锈蚀的因素。二是放净柴油、润滑油和冷却水，卸下蓄电池和三角皮带。三是润滑各有关部位，可用若干机油加热到120℃左右，泡沫消失后加入曲轴箱，摇曲轴数转，润滑各运动表面，然后放出机油。四是封闭气缸，可用少量无水机油加入进气道，摇动曲轴，使机油附在活塞顶部、缸套内壁及气门密封座，封闭气缸。五是清洁空气滤清器内腔及滤网，然后将空气滤清器、消声器、水箱漏斗口、油箱口用布包好，以防灰尘进入。六是将离合器放在“合”的位置，变速杆放在空挡位置，垫高拖拉机轮轴，使轮胎离地。总之，只有合理地保管并做好防火防盗等工作，才能保证机器下季作业的可靠性和利用率。

二、农机具保管

1. 防锈蚀

农业机械在田间作业完毕后，必须清除外部泥垢，清理工作机构内的种子、化肥、农药和作物残株，必要时用水或油清洗。清洗各润滑部位，并重新进行润滑，对所有摩擦工作面，如犁铧、犁壁、开沟器、锄铲等必须擦净后涂机油，最好贴纸，以减少与空气接触的机会。复杂精密的机具最好放在阴凉、干燥、通风的室内保管。对犁、耙、镇压器等简单机具，可以露天保管，但要放在地势较高、干燥、不受阳光直射的地方，最好能搭棚遮盖。凡与地面直接接触的零件，应用木板或砖支起。脱落的防护漆要重新涂好。

2. 防腐朽、霉烂

木制的零件由于受微生物的作用，以及雨淋、风吹、日晒而腐朽、破裂和变形，有效的保管方法是在木料外表涂上油漆，置于干燥的地方，不要受到日晒、雨淋。纺织品类，如帆布输送带，存放不当易霉烂，这类制品不应在露天放置，应该拆下清洗晒干后，存放在室内干燥和能防虫、防鼠害的地方。

3. 防老化

橡胶或塑料制品由于受空气中的氧和阳光中的紫外线作用，易老化变质，使橡胶件的弹性变差和容易折断。对橡胶件的保管，最好用热的石蜡油涂在橡胶表面，一定要放在室内的架子上，用纸将其盖好，保持通风、干燥及不受阳光直射。

4. 防变形

弹簧、传动带、长刀杆、轮胎等零件由于长期受力或放置不当会产生塑性变形，为此应在机架下面加以适当的支撑。使轮胎不承受负载。机械上的所有压紧或拉开的弹簧必须放松。拆下传动带在室内妥善保管。有些拆下的易变形零件如长刀杆要放平或垂直挂起，另外拆下的零件如轮胎、输种管等保管时要防止积、挤、压变形。

5. 防丢失

对长期停放的机具应建立登记卡，详细记载机具的技术状态、附属装置、备件、工具等。各种机具应有专人保管。严禁拆卸零件作其他用。如没有库房，机具在室外停放时，应将电动机、传动带等易丢件拆下来并做好标记，存放在室内。

想一想

1. 联合收割机保管包括哪些内容？
2. 拖拉机保管包括哪些内容？

项目 2

农业机械故障诊断

【项目描述】

农机故障指农机完全或部分失去工作能力的现象。农业机械应用具有季节性强、作业强度大、工作条件恶劣的特点，为在有限的机械保有量的条件下，不违农时生产，农业机械必须具有高的可靠性。机器的可靠性一般包括无故障性，机器在一定时期内不出现故障的性能，无故障性可用故障间隔期内机器的平均工作时间来表征。维修性，机器适于用技术维护和修理来进行预防、检测和消除故障的性能。维修性可用机器进行技术维护和修理的单位劳动量来表征。

任务 1　农业机械故障诊断技术

【任务目标】

1. 认识农业机械故障原理。
2. 掌握分析农机故障方法。

【任务准备】

一、农机故障原理

(1)磨损：由于摩擦，工作表面出现金属损失的现象，称为磨损。磨损量与工作时间会形成一定的规律，主要导致产生磨屑和材料损耗或尺寸变化。磨损可导致零件的配合间隙失常，气门间隙过大、轴承间隙过大；疲劳可导致如轮齿表面和滚珠表面产生剥落、轴类的断裂；老化可导致冷却系橡胶水管、缸筒阻水圈及各种密封胶圈的硬缩、脆化和破裂。

(2)划伤：摩擦表面上沿滑动方向形成划痕而造成的损坏现象。

(3)擦伤：摩擦表面上沿滑动方向形成细而浅的擦痕的现象。

(4)撕脱:由于黏着作用,在摩擦表面上的一方或双方的较深处发生剥落的现象。

(5)抱死:摩擦表面局部出现熔焊、黏着,使相对运动终止的现象。

(6)穴蚀:相对于液体运动的固体表面,因气泡破裂产生局部冲击高压或局部高温所引起的表面凹坑的现象。

(7)点蚀:摩擦表面材料由于疲劳脱落,在材料表面形成凹坑的现象。

(8)缺陷:农机零件任一参数不符合技术文件要求的状况。

(9)老化:农机零件材料的性能随保管或使用时间的增长而逐渐衰退的现象。

(10)疲劳:农机零件在变动负荷下,经过较长时间工作而发生强度下降的现象。

(11)变形:农机零件在使用过程中,其零件要素的形状和位置发生的变化。

(12)腐蚀:农机零件表面与周围环境中某种物质发生化学或电化学反应所引起的损耗现象。

(13)断裂:在外力作用下,零件产生裂纹以致断开的现象。

(14)干涉:运动件之间,运动件与固定件之间发生的不正常碰撞或摩擦的现象。

(15)卡滞:运动件运动不灵活的现象。

二、农机故障现象

(1)异响:农机总成或机构在工作中产生超过技术文件规定的不正常响声。

(2)异味:农机总成或机构在工作中产生的异常气味。

(3)飞车:发动机超过最高允许转速,导致转速失控的现象。

(4)失调:农机调整不当或工作中原调整关系改变,超过技术文件规定的事件。

(5)窜机油:机油窜入燃烧室的现象。

(6)窜气:汽缸中的高温高压气体通过气缸壁与活塞、活塞环之间的间隙窜入曲轴箱或气缸垫损坏窜入相邻气缸的现象。

(7)游车:内燃机在运转中,转速作周期性游动,超过技术文件允许的波动范围的现象。

(8)拉缸:活塞环把气缸工作表面造成擦伤或划伤的现象。

三、农机故障诊断方法

(1)振动诊断法:利用农机运转时产生的振动信号进行技术状态诊断的方法。

(2)声响诊断法:利用农机运转时发出的声音进行技术状态诊断的方法。

(3)温度诊断法:利用农机运转时的温度进行技术状态诊断的方法。

(4)油液分析法:通过分析农机运转时所使用的润滑油、液压油等进行技术状态诊断的方法。

(5)无负荷测功法:发动机在空负荷情况下测定其功率的方法。

(6)断缸测功法:多缸发动机,通过测定单缸工作时的转速来确定发动机功率的方法。

(7)瞬时加速测功法:发动机在无外载下突然加速,利用发动机的转动惯量自行给发动机加负载,通过测定发动机加速度或测定它的转速在某一变化区间所经历的时间来确定发动机功率的方法。

【任务实施】

1. 农机故障零部件修理方法分析

为故障零件部件选择修理方法,并比较不同。

2. 农机故障零部件修理

学生以小组为单位,用不同的方法修理零件。

【任务巩固】

一、农机修理方法

(1)农机修理质量标准:技术文件规定的,对不同修理类别的农机修后性能指标应达到的标准。

(2)修理基准:在修理时所选择的一个或一组几何元素作为修理加工其他工作面的基准。

(3)附加零件法:将零件的磨损部位进行机械加工,然后相配一个或几个零件,恢复其原始尺寸或采用修理尺寸以达到技术文件要求的修理方法。

(4)塑性变形修复法:利用外力使磨损零件产生塑性变形,来恢复所要求的尺寸和形状的方法。

(5)金属扣合法:在垂直于机件裂纹的断面上,加工出若干个一定形状的凹槽,再配以与凹槽形状相同的配合件,用密配、锤击的方法,或者加热扣合件,在冷却后产生的冷缩,使损坏的机件重新牢固地联接成一体的方法。

(6)机械矫正:利用机械力的作用,使变形的零件在常温或加热的状态下恢复正确形状的工艺方法。

(7)火焰矫正:利用火焰加热变形零件的一定部位,使之恢复正确形状的工艺方法。

(8)覆盖层:以一定的工艺将金属或合金属包覆于零件表面,并与基体相结合的材料层。

二、农机维修技术经济指标

(1)修理工时:作业人数和作业小时数的乘积。

(2)维修周期:在用农机相邻两次同类维修之间的时间间隔。

(3)维修成本:以货币形式表现的修理生产过程所支出的各项费用总和。

三、发动机排气管排气冒黑烟

黑烟也称炭烟,柴油机排气冒黑烟主要是燃料混合气过浓,可燃混合气形成不良或燃烧不完善等原因造成的。柴油机在高温、高压燃烧条件下,局部缺氧、裂解并脱氢而形成的以碳为主要成分的固体微小颗粒,是燃烧室内燃料燃烧不完全的表现。由于柴油机是非均质燃烧,燃烧室内各区域的化学反应条件是不一致的,而且随着时间而变化的,所以黑烟很可能是由许多不同途径生成的。柴油是复杂的碳氢化合物，喷入燃烧室内未燃烧的柴油受高温分解，形成炭黑，排气时随同废气一起排出形成黑色烟雾。黑烟是不完全燃烧产物，是烃燃烧在高温缺氧情况下裂解过程释出并聚合而成的。某些情况下燃油喷射在燃烧室壁面上，形成液态油膜，油膜是最后蒸发的一部分，它的燃烧取决于其蒸发速度和燃料蒸气与氧的混合速度。如果周围气体中氧的浓度太低，或混合的速度不够时，从油膜蒸发的燃料气体将被分解，并产生未燃烃、不完全氧化产物和黑烟。影响其生成的主要原因为：①活塞环、气缸套等磨损，气门、活塞环、气缸套磨损后，引起压缩压力不足以及机油上窜燃烧室，使气缸在压缩行程结束时，混合气混合的正常比例改变，使燃油在无氧条件下燃烧，燃烧过程容易产生积碳，排出的废气形成大量黑色烟雾。②燃烧室形状改变，燃烧室形状因制造质量及长期使用导致技术状况下降，使压缩余缝过大、过小以及活塞位置装错，都会使燃烧室形状和容积改变，从而影响燃油与空气混合质量，使燃油燃烧条件变坏。③喷油器工作不良，柴油机排气烟度与燃油雾化品质的关系密切，在柴油机喷油过程中，每次喷油临结束时，喷油压力下降，雾化质量差，使液滴直径比主要喷射阶段的油滴大 4～5 倍(体积约增大 100 倍)，这些油滴蒸发与燃烧的时间短，周围氧的浓度低，容易产生碳烟。喷油器不雾化、雾化不良或滴油，使燃料不能充分地与气缸内的空气混合，也不能完全燃烧。由喷油器工作不良引起的排黑烟现象在柴油机低速运转时较为明显，因为低速运转时气缸内进气涡流较弱，油滴或油束被气流冲散的可能性减少并且停留的时间较长，更容易形成炭黑排出。④供油量过大，使进入气缸内的油量增多，造成油多气少燃油燃烧不完全。另外，工作负荷过重、燃油质量低劣、工作温度过低也会引起排气冒黑烟。⑤供油提前角调整不当，供油提前角过大，燃油过早喷入燃烧室内，由于此时气缸内压力温度较低，燃料不能着火燃烧，当活塞上行，气缸内达到一定压力和温度，可燃混合气燃烧。在直喷式柴油机中，当其他参数不变时，加大喷油提前角可以降低排气烟度。因为加大喷油提前角会使滞燃期加长，使着火前喷入气缸的油量增加，预混合量增加，预混合气增多，加快了燃烧速度，燃烧可较早结束，从而使主燃期的形成炭粒具有较高的温度和高温下停留较多的时间，有利于炭粒氧化消失。然而过早的喷油增加了预混燃料量，使柴油机工作粗暴，燃烧噪声增大，并引起较大的机械负荷，以及较多的黑烟排放。供油提前角过小，喷入气缸内的燃油过迟，一部分燃料来不及形成可燃混合气就被分离或排出，致使部分在排气管中随废气排出的燃油料受高温分解、燃烧，形成黑烟随废气一同排出。

想一想

1. 农机零部件修理的方法有哪些？
2. 农机修理的方法选择依据有哪些？

任务 2 农业机械售后服务

【任务目标】

1. 了解农机售后服务管理办法。
2. 掌握农机质量投诉受理具体要求和投诉处理的具体办法。

【任务准备】

一、《农机产品“三包”规定》

农业机械产品生产者、销售者、修理者的修理、更换、退货称为三包。

农机产品实行谁销售谁负责三包的原则。销售者承担三包责任，换货或退货后，属于生产者责任的，可以依法向生产者追偿。在三包有效期内，因修理者的过错造成他人损失的，依照有关法律和代理修理合同承担责任。生产者、销售者、修理者向农机用户承担农机产品三包责任的基本要求。国家鼓励生产者、销售者、修理者做出更有利于维护农机用户合法权益的、严于本规定的三包责任承诺。销售者与农机用户另有约定的，销售者的三包责任依照约定执行，但约定不得免除依照法律、法规以及本规定应当履行的义务。

生产者应当建立农机产品出厂记录制度，严格执行出厂检验制度，未经检验合格的农机产品，不得销售。依法实施生产许可证管理或强制性产品认证管理的农机产品，应当获得生产许可证证书或认证证书并施加生产许可证标志或认证标志。

农机产品应当具有产品合格证、产品使用说明书、产品三包凭证等随机文件。产品使用说明书应当按照农业机械使用说明书编写规则的国家标准或行业标准规定的要求编写，并应列出该机中易损件的名称、规格、型号。产品所具有的使用性能、安全性能，未列入国家标准的，其适用范围、技术性能指标、工作条件、工作环境、安全操作要求、警示标志或说明应当在使用说明书中明确。有关工具、附件、备件等随附物品的清单。农机产品三包凭证应当包括：产品品牌、型号规格、生产日期、购买日期、产品编号，生产者的名称、联系地址和电话，已经指定销售者、修理者的，应当注明名称、联系地址、电话、三包项目、三包有效期、销售记录、修理记录和按照第二十四条规定应当明示的内容等相关信息。销售记录应当包括销售者、销售地点、销售日期和购机发票号码等项目。修理记录应当包括送修时间、交货时间、送修故障、修理情况、换退货证明等项目。

生产者应当在销售区域内建立农机产品的维修网点，与修理者签订代理修理合同，依法约定农机产品三包责任等有关事项。生产者应当保证农机产品停产后 5 年内继续提供零部件。生产者应当妥善处理农机用户的投诉、查询，提供服务，并在农忙季节及时处理各种农机产品三包问题。

销售者应当执行进货检查验收制度，严格审验生产者的经营资格，仔细验明农机产品合格证明、产品标识、产品使用说明书和三包凭证。对实施生产许可证管理、强制性产品认证管理的农机产品，应当验明生产许可证证书和生产许可证标志、认证证书和认证标志。

销售者销售农机产品时，应当建立销售记录制度，并按照农机产品使用说明书告知以下内容：农机产品的用途、适用范围、性能等，农机产品主机与机具间的正确配置，农机产品已行驶的里程或已工作时间及使用的状况。

销售者交付农机产品时，应当符合下列要求：当面交验、试机，交付随附的工具、附件、备件，提供财政税务部门统一监制的购机发票、三包凭证、中文产品使用说明书及其他随附文件，明示农机产品三包有效期和三包方式，提供由生产者或销售者授权或委托的修理者的名称、联系地址和电话，在三包凭证上填写销售者有关信息，进行必要的操作、维护和安全注意事项的培训。对于进口农机产品，还应当提供海关出具的货物进口证明和检验检疫机构出具的入境货物检验检疫证明。销售者可以同修理者签订代理修理合同，在合同中约定三包有效期内的修理责任以及在农忙季节及时排除各种农机产品故障的措施。销售者应当妥善处理农机产品质量问题的咨询、查询和投诉。

修理者应当与生产者或销售者订立代理修理合同，按照合同的约定，保证修理费用和维修零部件用于三包有效期内的修理。代理修理合同应当约定生产者或销售者提供的维修技术资料、技术培训、维修零部件、维修费、运输费等。修理者应当承担三包期内的属于本规定范围内免费修理业务，按照合同接受生产者、销售者的监督检查。

修理者应当严格执行零部件的进货检查验收制度，不得使用质量不合格的零部件，认真做好维修记录，记录修理前的故障和修理后的产品质量状况。修理者应当完整、真实、清晰地填写修理记录。修理记录内容应当包括送修时间、送修故障、检查结果、故障原因分析、维护和修理项目、材料费和工时费以及运输费、农机用户签名等。有行驶里程的，应当注明。修理者应当向农机用户当面交验修理后的农机产品及修理记录，试机运行正常后交付其使用，并保证在维修质量保证期内正常使用。修理者应当保持常用维修零部件的合理储备，确保维修工作的正常进行，避免因缺少维修零部件而延误维修时间。农忙季节应当有及时排除农机产品故障的能力和措施。修理者应当积极开展上门修理和电话咨询服务，妥善处理农机用户关于修理的查询和修理质量的投诉。

农机产品的三包有效期自销售者开具购机发票之日起计算，三包有效期包括整机三包有效期，主要部件质量保证期，易损件和其他零部件的质量保证期。内燃机、拖拉机、联合收割机、插秧机的整机三包有效期及其主要部件的质量保证期应当不少于《农业机械产品修理、更换、退货责任规定》规定的时间。内燃机单机作为商品出售给农机用户的，计为整机，其包含的主要零部件由生产者明示在三包凭证上。拖拉机、联合收割机、插秧机的主要部件由生产者明示在三包凭证上。其他农机产品的整机三包有效期及其主要部件或系统的名称和质量保证期，由生产者明示在三包凭证上，且有效期不得少于一年。内燃机作为农机产品配套动力的，其三包有效期和主要部件的质量保证期按农机产品的整机的三包有效期和主要部件质量保证期执行。农机产品的易损件及其他零部件的质量保证期达不到整机三包有效期的，其所属的部件或系统的名称和合理的质量保证期由生产者明示在三包凭证上。

农机用户丢失三包凭证，但能证明其所购农机产品在三包有效期内的，可以向销售者申请补办三包凭证，并依照本规定继续享受有关权利。销售者应当在接到农机用户申请后10个工作日内予以补办。销售者、生产者、修理者不得拒绝承担三包责任。由于销售者的原因，购机发票或三包凭证上的农机产品品牌、型号等与要求三包的农机产品不符的，销售者不得拒绝履行三包责任。在三包有效期内发生所有权转移的，三包凭证和购机发票随之转移，农机用户凭原始三包凭证和购机发票继续享有三包权利。三包有效期内，农机产品出现质量问题，农机用户凭三包凭证在指定的或者约定的修理者处进行免费修理，维修产生的工时费、材料费及合理的运输费等由三包责任人承担。符合本规定换货、退货条件，农机用户要求换货、退货的，凭三包凭证、修理记录、购机发票更换、退货。因质量问题给农机用户造成损失的，销售者应当依法负责赔偿相应的损失。三包有效期内，农机产品存在本规定范围的质量问题的，修理者一般应当自送修之日起30个工作日内完成修理工作，并保证正常使用。三包有效期内，送修的农机产品自送修之日起超过30个工作日未修好，农机用户可以选择继续修理或换货。要求换货的，销售者应当凭三包凭证、维护和修理记录、购机发票免费更换同型号同规格的产品。三包有效期内，农机产品因出现同一严重质量问题，累计修理2次后仍出现同一质量问题无法正常使用的，或农机产品购机的第一个作业季开始30日内，除因易损件外，农机产品因同一质量问题累计修理2次后，又出现同一质量问题的，农机用户可以凭三包凭证、维护和修理记录、购机发票，选择更换相关的主要部件或系统，由销售者负责免费更换。三包有效期内或农机产品购机的第一个作业季开始30日内，农机产品因本规定第二十九条的规定更换主要部件或系统后，又出现相同质量问题，农机用户可以选择换货，由销售者负责免费更换。换货后仍然出现相同质量问题的，农机用户可以选择退货，由销售者负责免费退货。三包有效期内，符合本规定更换主要部件的条件或换货条件的，销售者应当提供新的、合格的主要部件或整机产品，并更新三包凭证，更换后的主要部件的质量保证期或更换后的整机产品的三包有效期自更换之日起重新计算。

符合退货条件或因销售者无同型号同规格产品予以换货，农机用户要求退货的，销售者应当按照购机发票金额全价一次退清货款。因生产者、销售者未明确告知农机产品的适用范围而导致农机产品不能正常作业的，农机用户在农机产品购机的第一个作业季开始30日内可以凭三包凭证和购机发票选择退货，由销售者负责按照购机发票金额全价退款。整机三包有效期内，联合收割机、拖拉机、播种机、插秧机等产品在农忙作业季节出现质量问题的，在服务网点范围内，属于整机或主要部件的，修理者应当在接到报修后3日内予以排除。属于易损件或是其他零件的质量问题的，应当在接到报修后1日内予以排除。在服务网点范围外的，农忙季节出现的故障修理由销售者与农机用户协商。

三包有效期内，销售者不履行三包义务的，或者农机产品需要进行质量检验或鉴定的，三包有效期自农机用户的请求之日起中止计算，三包有效期按照中止的天数延长。造成直接损失的，应当依法赔偿。

农机用户应当按照有关规定和农机产品的使用说明书进行操作或使用。赠送的农机产品，不得免除生产者、销售者和修理者依法应当承担的三包责任。

销售者、生产者、修理者能够证明发生下列情况之一的，不承担三包责任：农机用户无法证明该农机产品在三包有效期内的；产品超出三包有效期的。

销售者、生产者、修理者能够证明发生下列情况之一的，对于所涉及部分，不承担三包责任：因未按照使用说明书要求正确使用、维护，造成损坏的；使用说明书中明示不得改装、拆卸，而自行改装、拆卸改变机器性能或者造成损坏的；发生故障后，农机用户自行处置不当造成对故障原因无法做出技术鉴定的；因非产品质量原因发生其他人为损坏的；因不可抗力造成损坏的。

生产者未按照本规定第二十四条履行明示义务的，或通过明示内容有意规避责任的，由产品质量监督部门依法予以处理。销售者未按照本规定履行三包义务的，由工商行政管理部门依法予以处理。维修者未按照本规定履行三包义务的，由农业机械化主管部门依法予以处理。

二、《农业机械维修管理规定》

农业机械维修者，应当具备符合有关农业行业标准规定的设备、设施、人员、质量管理、安全生产及环境保护等条件，取得相应类别和等级的《农业机械维修技术合格证》，并持《农业机械维修技术合格证》到工商行政管理部门办理工商注册登记手续后，方可从事农业机械维修业务。

农业机械维修业务实行分类、分级管理。农业机械维修业务根据维修项目，分为综合维修和专项维修两类。综合维修根据技术条件和服务能力，分为一、二、三级。取得一级农业机械综合维修业务资格的，可以从事整机维修竣工检验工作，以及二级农业机械综合维修业务的所有项目。取得二级农业机械综合维修业务资格的，可以从事各种农业机械的整车修理和总成、零部件修理，以及三级农业机械综合维修业务的所有项目。取得三级农业机械综合维修业务资格的，可以从事常用农业机械的局部性换件修理、一般性故障排除以及整机维护。取得农业机械专项维修业务资格的，可以从事农业机械电器修理、喷油泵和喷油器修理、曲轴磨修、气缸镗磨、散热器修理、轮胎修补、电气焊、钣金修理和喷漆等专项维修。

农业机械维修者和维修配件销售者应当向农业机械消费者如实说明维修配件的真实质量状况，农业机械维修者使用可再利用旧配件进行维修时，应当征得送修者同意，并保证农业机械安全性能符合国家安全标准。

禁止农业机械维修者和维修配件销售者从事下列活动：销售不符合国家技术规范强制性要求的农业机械维修配件；使用不符合国家技术规范强制性要求的维修配件维修农业机械；以次充好、以旧充新，或者作引人误解的虚假宣传；利用维修零配件和报废机具的部件拼装农业机械整机；承揽已报废农业机械维修业务。

农业机械维修配件销售者对其销售的维修配件质量负责。农业机械维修配件应当用中文标明产品名称、生产厂厂名和厂址，有质量检验合格证。在质量保证期内的维修配件，应当按照有关规定包修、包换、包退。农业机械维修当事人因维修质量发生争议，可以向农业机械化主管部门投诉，或者向工商行政管理部门投诉，农业机械化主管部门和工商行政管理部门应当受理，调解质量纠纷。调解不成的，应当告知当事人向人民法院提起诉讼或者向仲裁机构申请仲裁。农业机械维修者应当使用符合标准的量具、仪表、仪器等检测器具和其他维修设备，对农业机械的维修应当填写维修记录，并于每年 1 月份向农业机械化主管部门报送上一年度维修情况统计表。

【任务实施】

1. 农业机械质量

学生以小组为单位，填写《农业机械质量投诉材料》。

2. 受理投诉

学生以小组为单位，填写受理投诉表格。

【任务巩固】

1. 投诉者应提供书面投诉材料，至少包括以下内容

投诉者姓名、通信地址、邮政编码、联系电话以及被投诉方名称或姓名、通信地址、邮政编码、联系电话等准确信息。

农业机械产品的名称、型号、价格、购买日期、维修日期、销售商、维修商，质量问题和损害事实发生的时间、地点、过程、故障状况描述以及与被投诉方协商的情况等信息。

有关证据包括合同、发票、“三包”凭证、合格证等复印件。

2. 明确的投诉要求

农忙季节或情况紧急时，农业机械质量投诉监督机构可以详细记录投诉者通过电话或其他方式反映的情况并与被投诉方联系进行调解，如双方能协商一致，达成和解，投诉者可以不再提供书面材料。

3. 有下列情形之一的投诉，不予受理

没有明确的质量诉求和被投诉方的；在国家规定和生产企业承诺的“三包”服务之外发生质量纠纷的（因农业机械产品质量缺陷造成人身、财产伤害的除外）；法院、仲裁机构、有关行政部门、地方消费者协会或其他农业机械质量投诉机构已经受理或已经处理的；争议双方曾达成调解协议并已履行，且无新情况、新理由、新证据的；其他不符合有关法律、法规规定的。

想一想

1. 投诉者应提供哪些书面投诉材料？
2. 农机用户投诉不予受理的可能原因有哪些？

模块七

农业机械安全监督管理

项目 1

农业机械安全管理法规

【项目描述】

为了加强农业机械安全监督管理，预防和减少农业机械事故，保障人民生命和财产安全，国家制定《农业机械安全监督管理条例》，凡我国境内从事农业机械的生产、销售、维修、使用操作以及安全监督管理等活动都依据此条例展开活动。

农业机械安全监督管理是以人为本、预防事故、保障安全、促进发展为原则进行的。国家鼓励和支持开发、生产、推广、应用先进适用、安全可靠、节能环保的农业机械，建立健全农业机械安全技术标准和安全操作规程。国家鼓励农业机械操作人员、维修技术人员参加职业技能培训和依法成立安全互助组织，提高农业机械安全操作水平。国家建立落后农业机械淘汰制度和危及人身财产安全的农业机械报废制度，并对淘汰和报废的农业机械依法实行回收。

任务 1　农机驾驶证管理

【任务目标】

1. 了解拖拉机、联合收割机的驾驶证办理条件和流程。
2. 掌握拖拉机、联合收割机的驾驶证办理规范。

【任务准备】

拖拉机、联合收割机操作人员经过培训后，按照国务院农业机械化主管部门的规定，参加县级人民政府农业机械化主管部门组织的考试。考试合格的，农业机械化主管部门在 2 个工作日内核发相应的操作证件。

拖拉机、联合收割机操作证件有效期为 6 年；有效期满，拖拉机、联合收割机操作人员可以向原发证机关申请续延。未满 18 周岁不得操作拖拉机、联合收割机。操作人员年满 70 周岁的，县级人民政府农业机械化主管部门注销其操作证件。

拖拉机上道路行驶，联合收割机因转场作业、维修、安全检验等需要转移的，其操作人员应携带操作证件。

一、拖拉机驾驶证管理相关规定

发动机工大中型拖拉机(发动机功率在14.7 kW以上),驾驶证准驾机型代号为"G";小型方向盘式拖拉机(发动机功率不足14.7 kW),驾驶证准驾机型代号为"H";手扶式拖拉机,驾驶证准驾机型代号为"K"。

持有准驾大中型拖拉机驾驶证的,准许驾驶大中型拖拉机、小型方向盘式拖拉机;持有准驾小型方向盘式拖拉机驾驶证的,只准许驾驶小型方向盘式拖拉机;持有准驾手扶式拖拉机驾驶证的,只准许驾驶手扶式拖拉机。

申请人合格需具备的条件:年龄在18周岁以上,60周岁以下。身高不低于150 cm。两眼裸视力或者矫正视力达到对数视力表4.9以上。无红绿色盲。两耳分别距音叉50 cm能辨别声源方向。双手拇指健全,每只手其他手指必须有3指健全,肢体和手指运动功能正常。下肢运动功能正常,下肢不等长度不得大于5 cm。躯干、颈部,无运动功能障碍。

有下列情形之一的,不得申请拖拉机驾驶证:有器质性心脏病、癫痫、美尼尔氏症、眩晕症、癔症、震颤麻痹、精神病、痴呆以及影响肢体活动的神经系统疾病等妨碍安全驾驶疾病的。吸食、注射毒品,长期服用依赖性精神药品成瘾尚未戒除的。吊销拖拉机驾驶证或者机动车驾驶证未满2年的。造成交通事故后逃逸被吊销拖拉机驾驶证或者机动车驾驶证的。驾驶许可依法被撤销未满3年的。法律、行政法规规定的其他情形。

科目一考核内容为道路交通安全法律、法规和农机安全监理法规、规章;拖拉机及常用配套农具的总体构造,主要组成结构和功用,维护保养知识,常见故障的判断和排除方法,操作规程等安全驾驶相关知识。

科目二考核内容为方向盘式拖拉机场地驾驶。起点,距甲库外边线1.5倍机长;路宽,机长的1.5倍;库长,机长的2倍;库宽,大中型拖拉机为机宽加60 cm,小型拖拉机为机宽加50 cm。未出现下列情形的,考试合格:不按规定路线、顺序行驶;碰擦桩杆;机身出线;移库不入;在不准许停机的行驶过程中停机两次以上;发动机熄火;原地打方向;使用半联动离合器或者单边制动器;违反考场纪律。

科目三考核内容为拖拉机挂接农具。

科目四考核内容为拖拉机道路驾驶,拖拉机考试距离不少于3 km。在模拟道路或者实际道路上,驾驶拖拉机机组进行起步前的准备、起步、通过路口、通过信号灯、按照道路标志标线驾驶、变换车道、会车、超车、定点停车等正确驾驶拖拉机的能力,观察、判断道路和行驶环境以及综合控制拖拉机的能力,在夜间和低能见度情况下使用各种灯光的知识,遵守交通法规的意识和安全驾驶情况。考试时出现下列情形之一的,道路驾驶考试不及格:不按交通信号或民警指挥信号行驶;起步时拖拉机机组溜动距离大于30 cm;机组行驶方向把握不稳;当右手离开方向盘时,左手不能有效、平稳控制方向的;有双手同时离开方向盘或扶手把现象;换挡时低头看挡或两次换挡不进;行驶中使用空挡滑行;行驶速度超过限定标准;对机组前后、左右空间位置感觉差;不按考试员指令行驶;不能熟练掌握牵引挂车驾驶要领;对采用气制动结构的拖拉机,储气压力未达到一定数值而强行起步;方向转动频繁,导致挂车左右晃动;考试中有吸烟、接打电话等妨碍安全驾驶行为;争道抢行或违反路口行驶规定;窄路会车时,不减速靠右边行驶,或会车困难时应让行而不让;行驶中不能正确使用各种灯光;在禁止停车的地方停车;发现危险情况未及时采取措施。考试时出现下列情形之一的,扣 20 分:拖拉机有异常情况起步;起步挂错挡;不放松手制动器或停车锁起步,未能及时纠正;起步时机组溜动小于 30 cm;起步时发动机熄火一次;换挡时有齿轮撞击声;控制行驶速度不稳;路口转弯角度过大、过小或打、回轮过早、过晚;掉头方式选择不当;掉头不注意观察交通情况;停车未拉手制动或停车锁之前机组后溜。考试时出现下列情形之一的,扣 10 分:起步前未检查仪表;起步时机组有闯动及行驶无力的情形;起步及行驶时驾驶姿势不正确;掌握方向盘或扶手把手法不合理;行驶制动不平顺,出现机组晃动;挡位使用不当或速度控制不稳;换挡掌握变速杆手法不对;换挡时机掌握太差;换挡时手脚配合不熟练;错挡但能及时纠正;不按规定出入非机动车道;变换车道之前,未查看交通情况;制动停车过程不平顺。考试时出现下列情形之一的,扣 5 分:起步前未调整好后视镜;起步前未检查挡位或停车制动器;发动机启动后仍未放开启动开关;不放停车制动器起步,但及时纠正;起步油门过大,致使发动机转速过高;换挡时机掌握稍差;路口转弯角度稍大、稍小或打、回轮稍早、稍晚;停车时未拉手制动或停车锁,检查挡位,抬离合器前先抬脚制动。

二、联合收割机驾驶证有关规定

联合收割机驾驶证准予驾驶的机型分为:方向盘自走式联合收割机,代号为“R”;操纵杆自走式联合收割机,代号为“S”;悬挂式联合收割机,代号为“T”。

申请人条件与拖拉机驾驶证申请人条件相同。驾驶人有下列情形之一的,农机监理机构应当注销其驾驶证:申请注销的;丧失民事行为能力,监护人提出注销申请的;死亡的;身体条件不适合驾驶联合收割机的;驾驶证有效期超过 1 年以上未换证的;年龄在 60 周岁以上,2 年内未提交身体条件证明的;年龄在 70 周岁以上的;驾驶证依法被吊销或者驾驶许可依法被撤销的。

三、驾驶证办理流程

(一)驾驶证申请受理

受理岗审核拖拉机驾驶证申请人提交的《拖拉机驾驶证申请表》、1 寸证件照 4 张、《拖拉机驾驶人身体条件证明》(以下简称《身体条件证明》)和身份证明及复印件。查询全国农机监理信息系统,确认申请人不具有已申领拖拉机驾驶证、被吊销拖拉机驾驶证未满两年、驾驶许可依法被撤销未满三年、造成交通事故后逃逸被吊销拖拉机驾驶证的情形,并在计算机管理系统中记录查询结果,符合规定的,受理申请,收存相关资料。查询结果证实存在上述不准申请拖拉机驾驶证情况的,出具退办凭证。因计算机网络问题暂时无法完成查询的,可以先受理,并在未核发拖拉机驾驶证前完成查询。期间,查询结果证实存在不准申请拖拉机驾驶证情形的,出具退办凭证。

考试岗按期进行科目一考试;考试前应当核实申请人,考试后应当在考试成绩表上记载考试成绩,并由考试员签名;考试不合格的,告知申请人不合格原因,并可以当场补考一次。按期进行科目二、科目三、科目四考试;考试前应当核实申请人,考试后应当在考试成绩表上记载考试成绩；考试合格的，应当由考试员在考试成绩表上签名，考试不合格的，告知申请人不合格原因，并可以当场补考一次。

驾驶证管理岗复核受理岗收存的资料和科目一考试资料，核对计算机管理系统的信息，确定《拖拉机驾驶技能准考证明》（以下简称《准考证明》）编号，并制作、核发《准考证明》，收存驾驶培训记录，预约科目二、科目三、科目四考试。复核科目二、科目三、科目四考试资料，核对计算机管理系统的信息，符合规定的，确定拖拉机驾驶证档案编号。制作、核发拖拉机驾驶证，收回《准考证明》。

（二）拖拉机驾驶证档案

包括《拖拉机驾驶证申请表》，申请人的身份证明复印件，《身体条件证明》，考试成绩表，《准考证明》《拖拉机驾驶证业务流程记录单》，驾驶培训记录。

（三）方向盘式拖拉机场地驾驶考试

起点，距甲库外边线 1.5 倍机长；路宽，机长的 1.5 倍；库长，机长的 2 倍；库宽，大中型拖拉机为机宽加 60 cm，小型拖拉机为机宽加 50 cm。如图 7-1 所示。

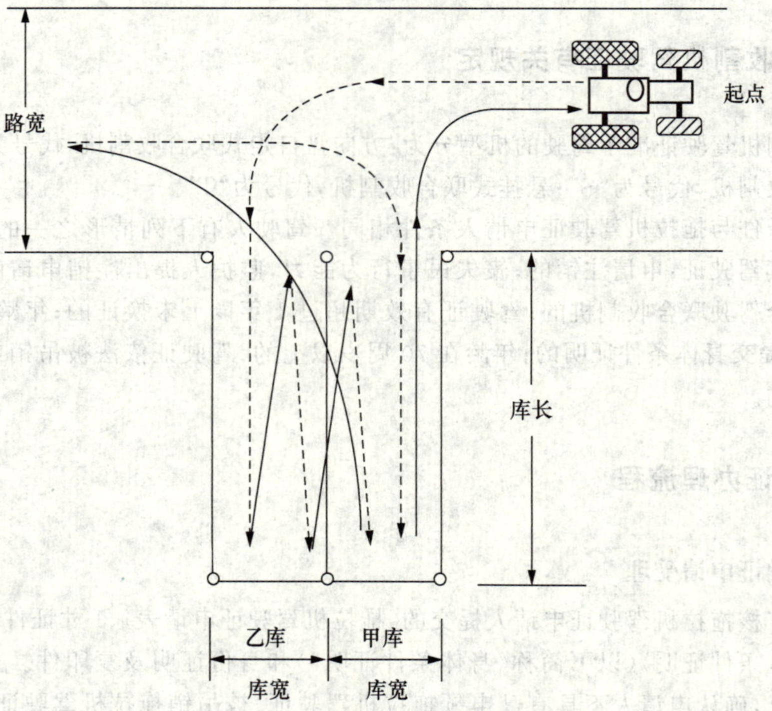

图 7-1　拖拉机场地考试线路图

图例：○桩位；—边线；→前进线一；--→倒车线

【任务实施】

拖拉机场地驾驶测试。学生以小组为单位根据现场拖拉机绘制线路图，并通过测试。

【任务巩固】

填全拖拉机驾驶证申请表内容。

拖拉机驾驶证申请表

<table>
<tr><td rowspan="7">申请人信息</td><td>姓名</td><td colspan="3"></td><td>性别</td><td></td><td>出生日期</td><td></td><td>国籍</td><td></td></tr>
<tr><td rowspan="2">身份证明名称</td><td></td><td>号码</td><td colspan="6"></td><td rowspan="5">照　片</td></tr>
<tr><td></td><td>号码</td><td colspan="6"></td></tr>
<tr><td>住所地址</td><td colspan="8"></td></tr>
<tr><td>联系地址</td><td colspan="8"></td></tr>
<tr><td>联系电话</td><td colspan="3"></td><td colspan="2">邮政编码</td><td colspan="3"></td></tr>
<tr><td>申领</td><td>☐初次申领
☐增加准驾机型</td><td>申请准驾机型代号</td><td colspan="2"></td><td colspan="2">现准驾机型代号</td><td colspan="3"></td></tr>
<tr><td rowspan="9">申请业务种类</td><td rowspan="6">换证
补证
注销</td><td>☐有效期满</td><td>有效期截止日期</td><td colspan="3"></td><td>有效期限</td><td colspan="3"></td></tr>
<tr><td>☐转出</td><td>转出原因</td><td colspan="2">☐户籍迁出
☐去外地居住</td><td>转出地监理机构</td><td colspan="4"></td></tr>
<tr><td>☐转入</td><td>转入原因</td><td colspan="2">☐户籍迁入
☐来本地居住</td><td>原驾驶证档案编号</td><td colspan="4"></td></tr>
<tr><td>☐身份信息变化</td><td>信息内容</td><td></td><td colspan="2">变更后的身份信息</td><td colspan="4"></td></tr>
<tr><td>☐证件损毁
☐补证
☐注销</td><td colspan="8">损毁原因：
补证原因：
注销原因：</td></tr>
<tr><td colspan="9"></td></tr>
<tr><td rowspan="3">申请方式</td><td colspan="5">☐本人申请
☐监护人申请
☐委托________________________代理申请</td><td colspan="4">本人签字：
年　月　日</td></tr>
<tr><td rowspan="2">委托代理</td><td>代理人/监护人姓名</td><td></td><td>身份证明</td><td></td><td>号码</td><td colspan="3"></td></tr>
<tr><td>住　址</td><td colspan="7"></td></tr>
<tr><td>申告的义务和内容</td><td colspan="7">拖拉机驾驶证申请人应当如实申告是否具有下列不准申请的情形：
一、提供虚假申请材料，以欺骗等不正当手段申领拖拉机驾驶证；
二、被吊销拖拉机驾驶证或者机动车驾驶证未满两年；
三、造成交通事故后逃逸被吊销拖拉机驾驶证或者机动车驾驶证；
四、驾驶许可依法被撤销未满三年；
五、拖拉机驾驶证被暂扣；
六、法律和行政法规规定的其他不准申请的情形。

上述内容本人已认真阅读，本人不具有所列的不准申请的情形。</td><td>申请人签字</td><td colspan="2">年　月　日</td></tr>
</table>

任务2　农业机械牌证管理

【任务目标】

1. 了解农业机械牌证管理法规要求。
2. 掌握农业机械登记规范。

【任务准备】

拖拉机、联合收割机投入使用前，其所有人应当按照国务院农业机械化主管部门的规定，持本人身份证明和机具来源证明，向所在地县级人民政府农业机械化主管部门申请登记，填写《拖拉机注册登记/转入申请表》，提交法定证明、凭证，并交验拖拉机。

农机监理机构自受理之日起2日内，办理注册登记，并登记下列内容：拖拉机登记编号、拖拉机登记证书编号；拖拉机所有人的姓名或者单位名称、身份证明名称与号码、住所地址、联系电话和邮政编码；拖拉机的类型、制造厂、品牌、型号、发动机号码、机身(底盘)号码或者挂车架号码、出厂日期、机身颜色；拖拉机的有关技术数据；拖拉机获得方式；拖拉机来历证明的名称、编号或进口拖拉机进口凭证的名称、编号；上道路行驶的拖拉机交通事故责任强制保险的日期和保险公司的名称；拖拉机登记后，对拖拉机来历证明、出厂合格证明应签注已登记标志，收存来历证明和身份证明复印件。

有下列情形之一的，不予办理注册登记：拖拉机所有人提交的证明、凭证无效的；拖拉机来历证明涂改的，或者拖拉机来历证明记载的拖拉机所有人与身份证明不符的；拖拉机所有人提交的证明、凭证与拖拉机不符的；拖拉机达到国家规定的强制报废标准的；拖拉机属于被盗抢的。

国家规定拖拉机、联合收割机应当悬挂牌照。

一、拖拉机登记业务应当归档的资料

《拖拉机注册登记/转入申请表》原件；拖拉机所有人及其代理人、经办人身份证明复印件；拖拉机销售发票复印件(发票注册登记联原件)或者其他能够证明合法来历的书面证明原件；拖拉机整机出厂合格证明原件或复印件、有关单位证明原件；安全技术检验合格证明原件；上道路行驶的拖拉机交通事故责任强制保险凭证；拖拉机的标准照片；发动机号码和拖拉机机身(底盘)或者挂车架号码拓印膜；受理凭证副本；《拖拉机登记业务流程记录单》原件。

二、拖拉机记录技术数据

1. 发动机型号、功率、外廓尺寸、轴数、轴距、轮距、轮胎数、轮胎规格

国产拖拉机按照拖拉机整机出厂合格证明或者有关技术资料录入；进口拖拉机，按照有关技术资料录入，有关技术资料没有记载的，按照核定或者测量的数值录入；拖拉机功率单位为千瓦(kW)；长度的单位为毫米(mm)。

2. 燃料种类

按照拖拉机实际使用燃料分别录入“柴油”“汽油”“混合油”“其他”等；使用两种(含)以上燃料的拖拉机，分别录入每种燃料种类，燃料种类之间加“/”。

3. 转向形式

方向盘式拖拉机录入“方向盘”，手扶式拖拉机和手把式拖拉机录入“手扶式”。

4. 货厢内部尺寸

按照出厂合格证明录入；出厂合格证明无货厢内部尺寸的，按照有关技术资料或者测量的尺寸录入；货厢内部尺寸的单位为毫米(mm)。

5. 后轴钢板弹簧片数

拖拉机货厢或者挂车装用钢板弹簧的，按照整机出厂合格证明或者有关技术资料录入；多后轴挂车录入所有后轴单侧钢板弹簧数量之和；钢板弹簧片数的单位为片。

6. 核定载质量、总质量

核定载质量按照拖拉机或者挂车出厂合格证明录入；总质量按照拖拉机整机质量和核定载质量之和录入。核定载质量、总质量的单位为千克(kg)。

7. 驾驶室乘坐人数

方向盘式拖拉机按使用说明书标明的乘坐人数录入，未标明乘坐人的，最多按 2 人录入；手扶式拖拉机按 1 人录入，单位为人。

【任务实施】

根据现场拖拉机登记记录如下。

安全技术检验证明

所 有 人		号牌号码		所有人签章：
住所地址		电 话		
拖拉机类型		品牌和型号		
机身颜色		发动机号		
身号(底盘)号		挂车架号		

<table>
<tr><td rowspan="16">安全技术检验</td><td colspan="2" rowspan="2">检验项目</td><td colspan="2">初 检</td><td rowspan="2">复检结果</td></tr>
<tr><td>检验结果</td><td>不合格原因</td></tr>
<tr><td colspan="2">外 观</td><td></td><td></td><td></td></tr>
<tr><td colspan="2">发动机</td><td></td><td></td><td></td></tr>
<tr><td colspan="2">传动系</td><td></td><td></td><td></td></tr>
<tr><td colspan="2">转向系</td><td></td><td></td><td></td></tr>
<tr><td rowspan="2">行驶系</td><td>主 机</td><td></td><td></td><td></td></tr>
<tr><td>挂 车</td><td></td><td></td><td></td></tr>
<tr><td rowspan="2">制动系</td><td>主 机</td><td></td><td></td><td></td></tr>
<tr><td>挂 车</td><td></td><td></td><td></td></tr>
<tr><td rowspan="2">灯光及信号装置</td><td>主 机</td><td></td><td></td><td></td></tr>
<tr><td>挂 车</td><td></td><td></td><td></td></tr>
<tr><td colspan="2">液压悬挂及牵引装置</td><td></td><td></td><td></td></tr>
<tr><td colspan="2">外廓尺寸/货厢内部尺寸</td><td colspan="3">______mm×______mm×______mm
______mm×______mm×______mm</td></tr>
<tr><td colspan="2">轴 数</td><td></td><td>轴距</td><td>mm</td></tr>
<tr><td colspan="2">轮胎数</td><td></td><td>轮距</td><td>mm</td></tr>
<tr><td></td><td colspan="2">钢板弹簧片数</td><td>后轴 片</td><td>轮胎规格</td><td></td></tr>
<tr><td rowspan="2">总检结果</td><td colspan="2">结 论</td><td>□合格
□不合格</td><td colspan="2" rowspan="2">检验人员：

年 月 日</td></tr>
<tr><td colspan="2">不合格原因</td><td></td></tr>
</table>

【任务巩固】

拖拉机(联合收割机)注册登记流程图

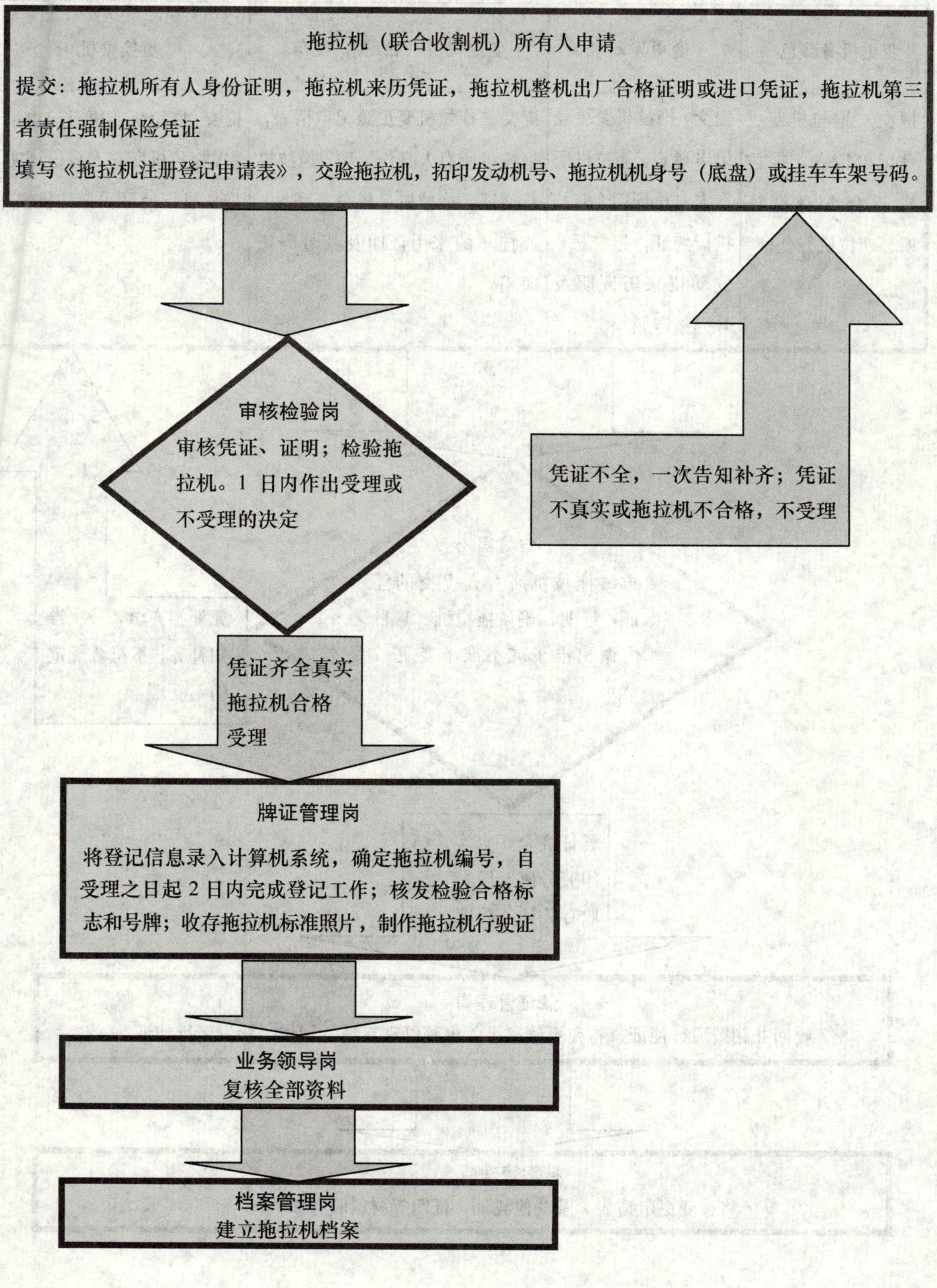

拖拉机(联合收割机)变更登记工作流程图

拖拉机（联合收割机）所有人申请			
变更机身颜色	变更发动机	变更机身（底盘）、挂车	更换整机
提交：拖拉机变更登记申请表，拖拉机所有人身份证明，拖拉机行使证	提交：拖拉机变更登记申请表，拖拉机所有人身份证明，拖拉机行使证，拖拉机、发动机来历证明及号码拓印膜	提交：拖拉机变更登记申请表，拖拉机所有人身份证明，拖拉机行使证，拖拉机、机身（底盘）或挂车的来历证明及其号码拓印膜	提交：拖拉机变更登记申请表，拖拉机所有人身份证明，拖拉机行使证，拖拉机整车

↓

审核岗

审核拖拉机所有人提交的凭证、证明，确认拖拉机。1日内做出准予或不准予变更决定

→ 凭证不齐全，一次告知补齐；不符合规定的不受理（返回申请）

↓ 凭证齐全、真实，拓印膜号码无误。收存凭证，受理

牌证管理岗

收回并销毁原行使证，将变更信息录入电脑管理系统，制作、核发新行使证

↓

档案管理岗

将《变更申请表》及其他凭证、证明等材料收存归档

拖拉机(联合收割机)迁出登记工作流程图

拖拉机（联合收割机）所有人申请

条件：拖拉机所有人住址迁出屯留县的，必须办理迁出变更手续

提交：《拖拉机（联合收割机）变更登记申请表》，拖拉机（联合收割机）所有人身份证明，拖拉机（联合收割机）行使证，交验拖拉机（联合收割机）

审核岗

审查所有凭证，2 日内确认拖拉机，核对拓印膜号码

凭证不齐全，一次告知补齐；凭证不真实或无效，不受理

凭证齐全真实、有效，受理

业务领导岗

复核全部资料

牌证管理岗

自受理之日起1日内办结以下手续，收存《拖拉机变更申请表》、拖拉机所有人身份证明复印件、行驶证。将变更后的住址、转入地农机监理机构名称录入微机。出具《拖拉机迁出通知单》。收回并销毁号牌，核发临时号牌。密封拖拉机来历凭证、整机合格证、第三者责任保险凭证等原始档案，注明并口头告知申请人："妥善保管，不得私自拆封，请于90日内到转入地农机监理机构办理拖拉机转入手续"

档案管理岗

复核、整理资料，将《拖拉机（联合收割机）变更登记申请表》、拖拉机登记业务流程记录单、所有人身份证明复印件、行驶证、发动机号码和拖拉机机身（底盘）号码或挂车车驾号码拓印膜等有关资料，另建档案备查

拖拉机(联合收割机)转入登记工作流程图

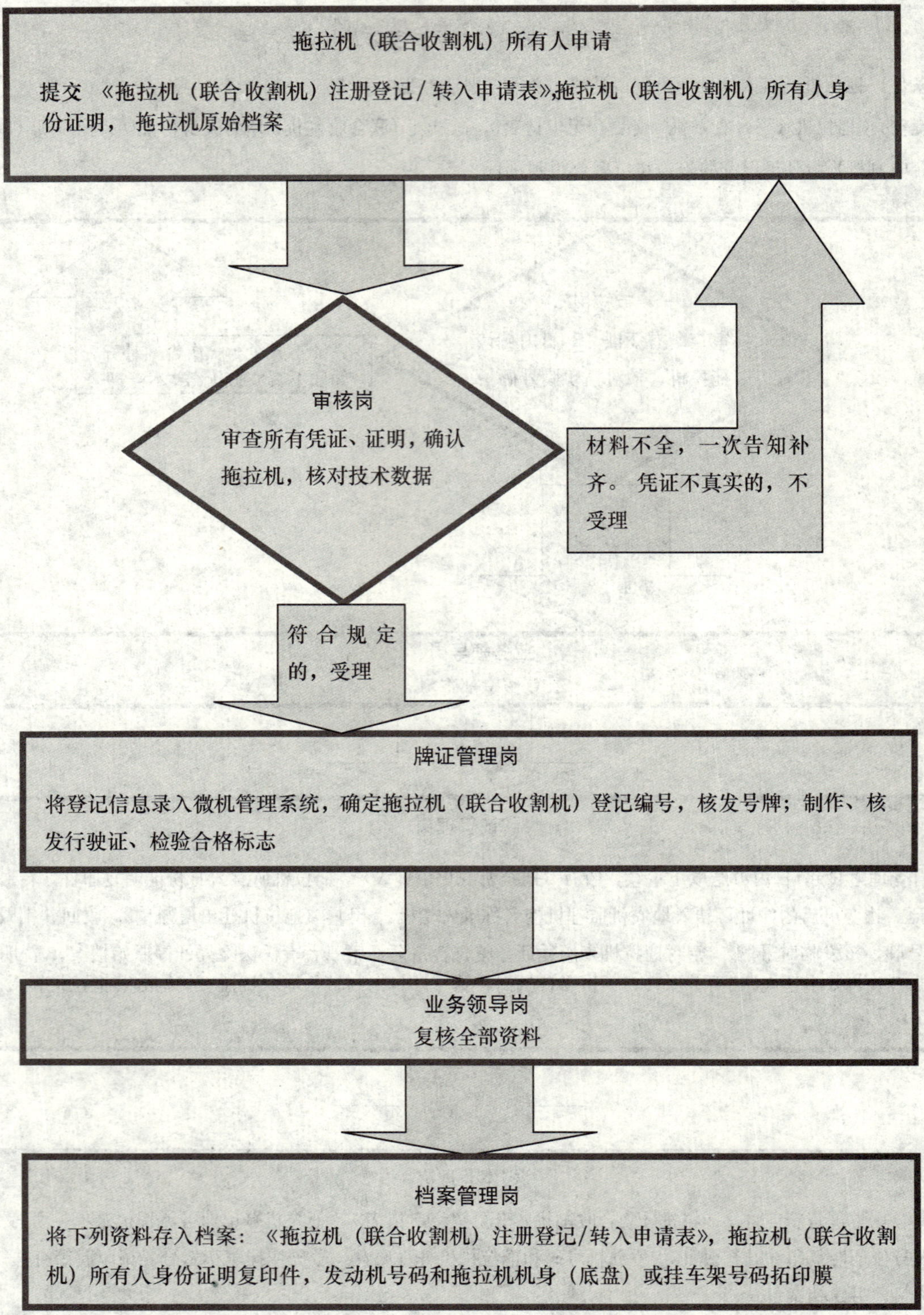

拖拉机(联合收割机)共同所有权变更登记工作流程图

拖拉机（联合收割机）所有人申请

提交：《拖拉机（联合收割机）变更登记申请表》，变更前、后所有人身份证明，行驶证，所有权变更证明，拖拉机共同所有的公正证明或《居民户口簿》，拖拉机

审核岗

审查全部凭证、证明，确认拖拉机，核对拓印膜号码，查验有无凿改嫌疑

凭证不全一次告知补齐。不符合规定，不受理

符合规定，收存有关资料，受理

业务领导岗

复核全部资料

牌证管理岗

变更后所有人居住地仍在本辖区	变更后所有人居住地不在本辖区
收回并销毁原行使证，重新核发新行驶证；需改变拖拉机登记编号的，收回并销毁原号牌，确定新的拖拉机登记编号，核发新号牌和检验合格标志	将变更后的住址、转入地农机监理机构名称录入微机。出具《拖拉机迁出通知单》。收回并销毁号牌，核发临时号牌。密封拖拉机原始档案，交给申请人，注明并口头告知申请人：“妥善保管，不得私自拆封，请于 90 日内到转入地农机监理机构办理拖拉机转入手续”

拖拉机(联合收割机)转移登记工作流程图

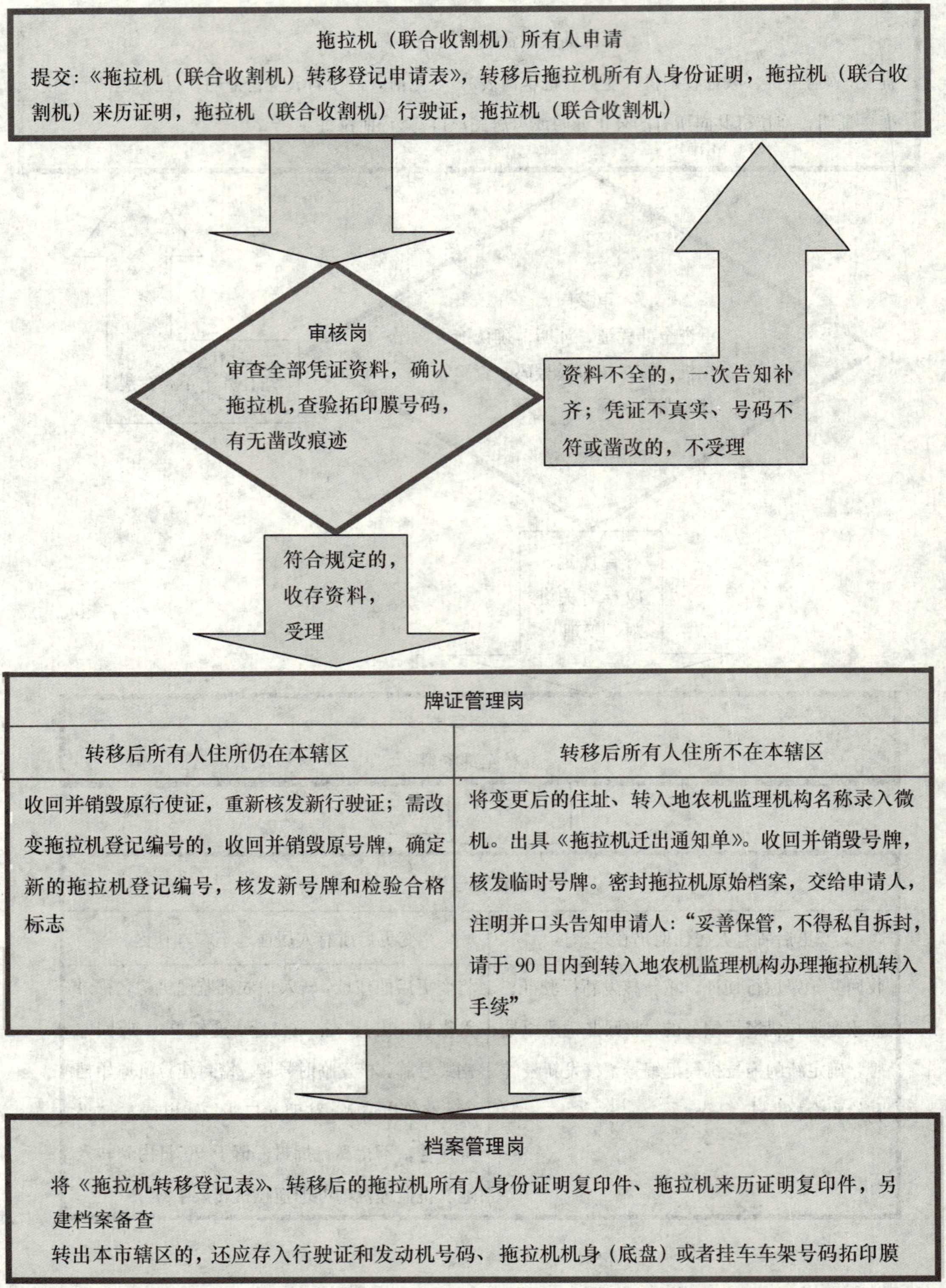

拖拉机(联合收割机)抵押登记工作流程图

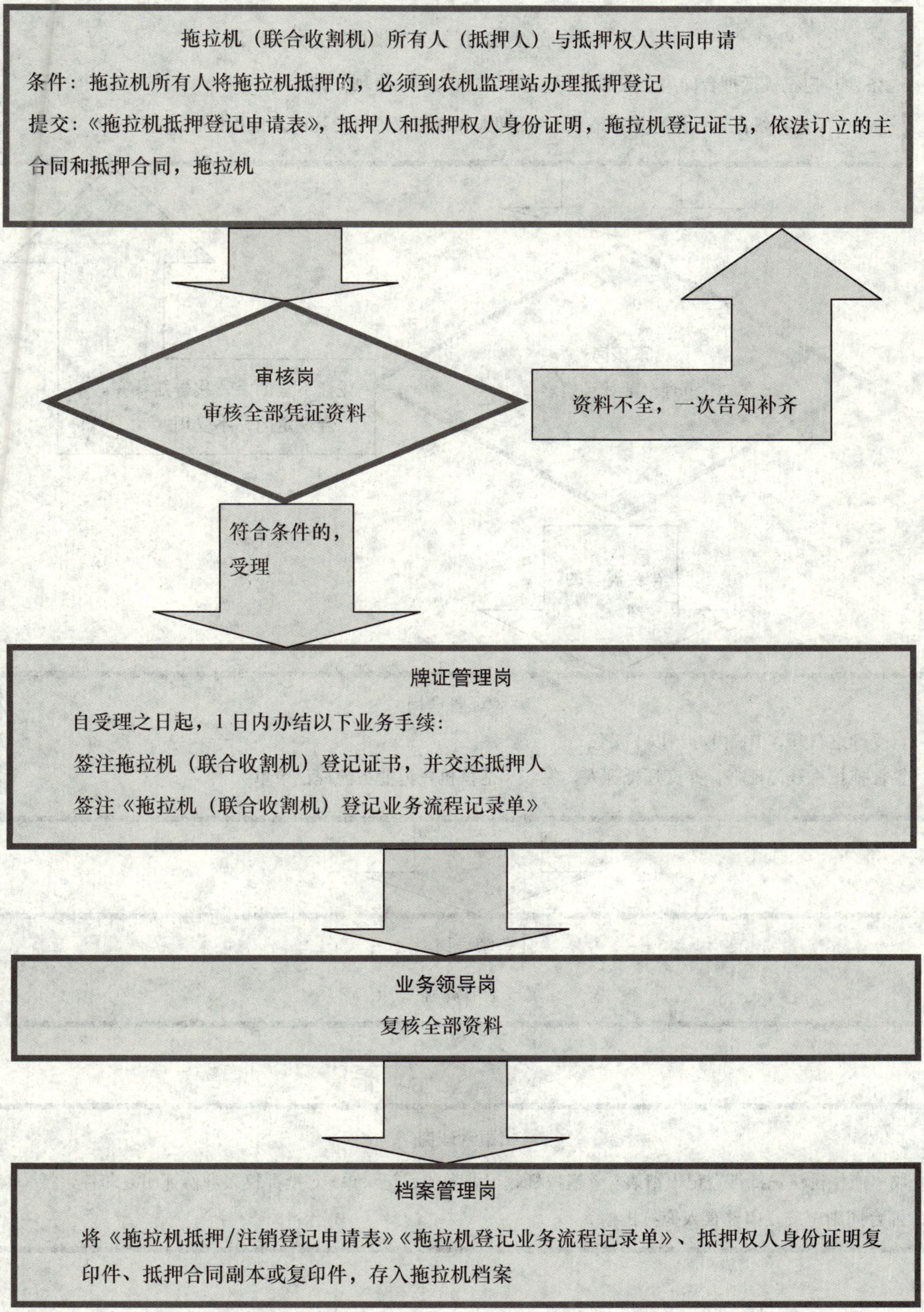

拖拉机(联合收割机)注销抵押登记工作流程图

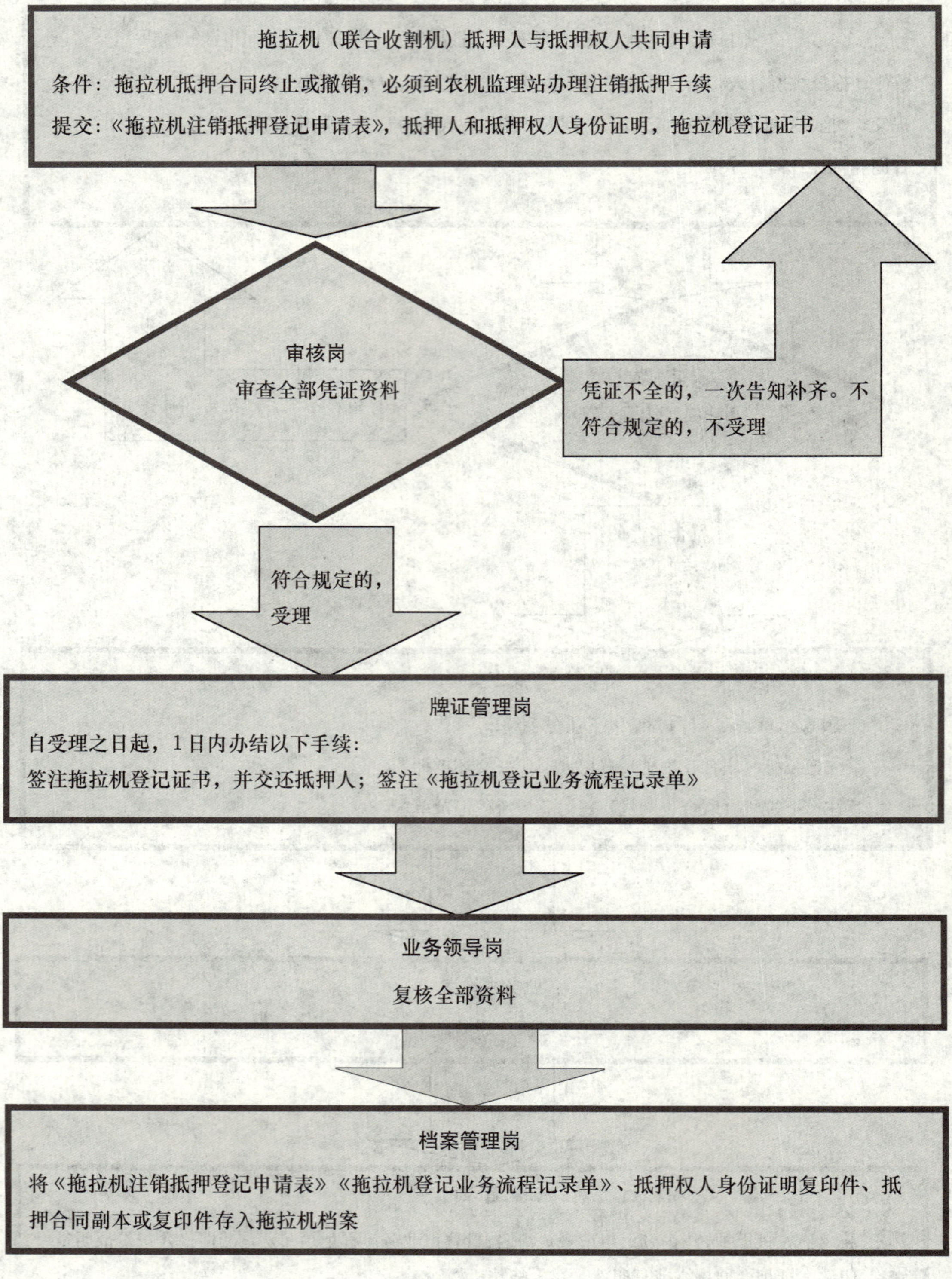

拖拉机(联合收割机)停驶、复驶注销登记工作流程图

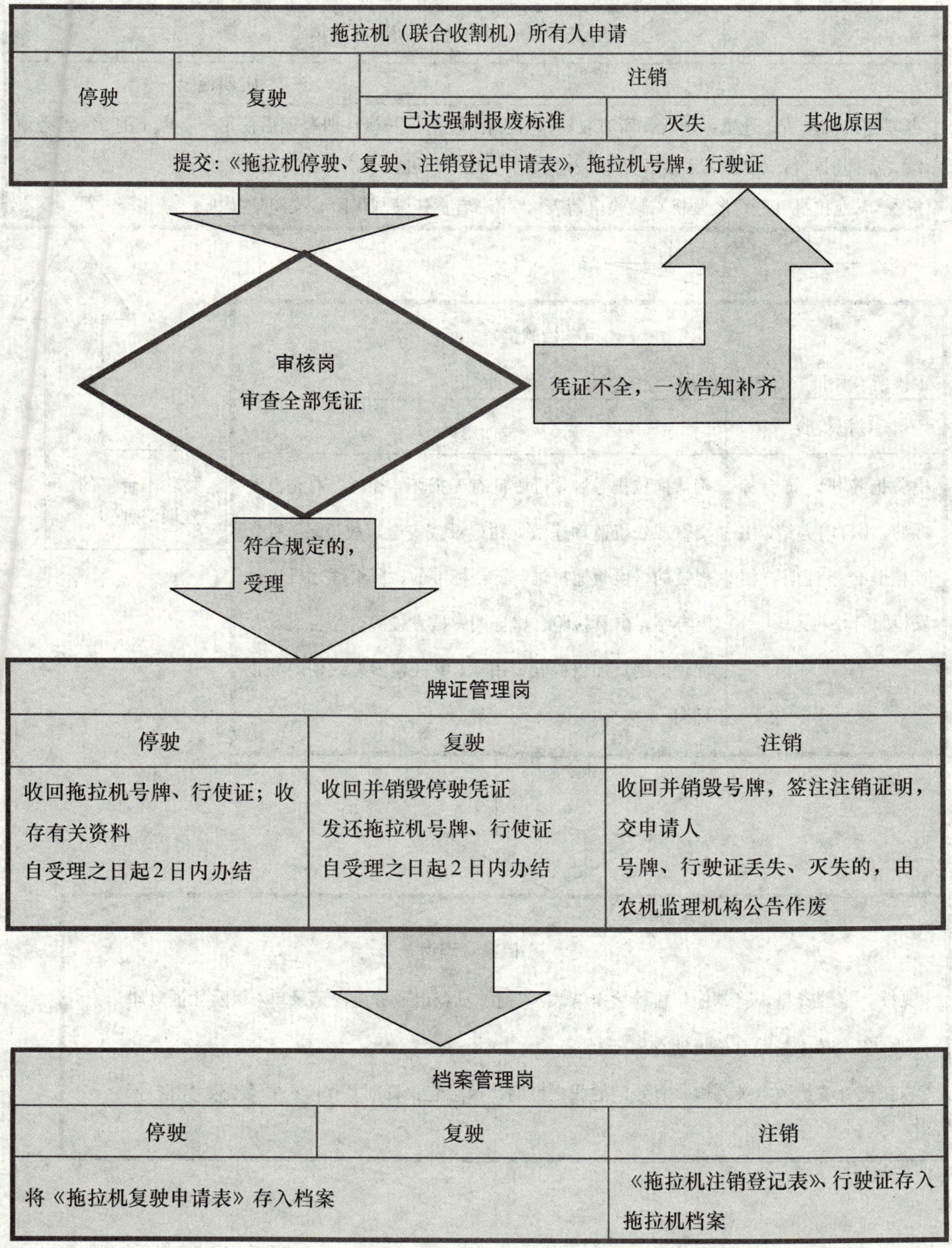

拖拉机(联合收割机)检验流程图

拖拉机（联合收割机）所有人申请

登记检验	定期检验
办理拖拉机注册、迁出、迁入、所有权转移等登记手续，应同时进行安全技术检验	拖拉机注册登记后使用一年以上的，每年必须进行一次安全技术检验

提交:《拖拉机（联合收割机）检验申请表》、第三者责任强制保险；交验拖拉机

↓

审核检验岗

审核所有凭证、证明，确认拖拉机

登记检验	定期检验
检验拖拉机，符合标准的，1日内办结，出具检验合格证明，核发检验合格标志	确认拖拉机号牌、行驶证有无损坏、涂改，有无公安交管或农机监理违法处罚记录或安全事故记录。符合规定的，检验拖拉机。符合标准的，自受理之日1日内办结，出具检验合格证明，核发检验合格标志。在行驶证副页加盖检验专用章，签注检验有效期的截止日期

检验不合格的，限期修理（↑ 返回申请）

↓

档案管理岗

复核、整理资料，将《拖拉机检验申请表》《拖拉机登记业务流程记录单》保险凭证复印件、安全技术检验合格证明存入档案

在微机管理系统中录入检验有效期的截止日期、保险起止日期及保险公司名称、凭证号码

补领拖拉机(联合收割机)登记证书工作流程图

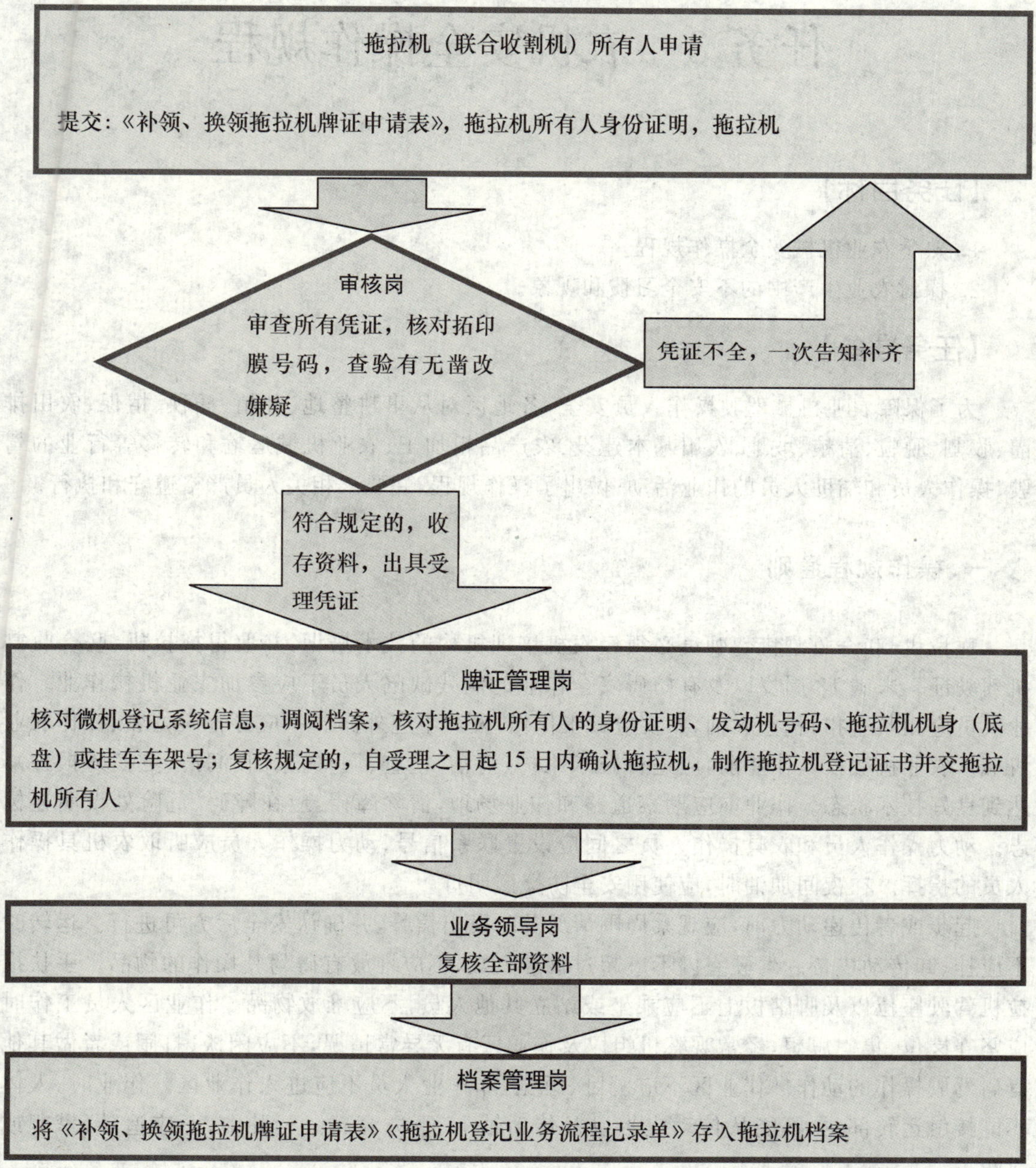

任务3　农机安全操作规程

【任务目标】

1. 熟悉农业机械安全操作规程。
2. 探讨农业生产中的不安全习惯和现象。

【任务准备】

为了保障农业机械驾驶操作人员安全，各地区对从事耕整地、种植、插秧、植保、农田排灌、收割、脱粒、清粮、坡地、农田基本建设、农产品粗加工、农业机械运输和转移等行业的驾驶、操作人员和辅助人员的作业活动，做出了操作规程，并要求相关人员严格遵守和执行。

一、操作规程通则

拖拉机、联合收割机驾驶员必须经农机培训机构的技术培训，并取得拖拉机、联合收割机驾驶证。未满18周岁以及有妨碍安全作业的病残缺陷人员不应参加农业机械作业。作业人员应扣紧纽扣，扎紧衣袖，妇女应戴工作帽，发辫不应外露。不应穿拖鞋驾驶、操作农业机械。农业机械投入作业前，应进行技术维护(清洁、检查、调整、紧固、润滑、更换易损件)，达到良好技术状态。作业前应勘察道路和作业场地，清除障碍，应在障碍、危险处设明显标志。动力操作人员和农具操作人员之间应设置联系信号，动力操作人员应听取农机具操作人员的指挥。在夜间加油时，应使用安全防爆照明灯。

起步或者传递动力前，应观察周围情况及时发出信号，并确认安全后方可进行。运转时不应挂、卸传动皮带。驾驶室内不应超过核准人数，不应堆放有碍驾驶操作的物品。手扶拖拉机驾驶座位以及脚踏板上不应乘坐或站立其他人员，不应堆放物品。作业区人员工作时应坚守岗位、集中思想，经常观察机组以及作业区有无异常情况，不应闲谈、打闹或者做其他有碍驾驶操作的动作。作业区不应躺卧、睡觉，非作业人员不应进入作业区。作业时，人体不能接触运转部位，不能从传动皮带以及传动轴上、下方穿越。行驶中，不应追随、攀爬或跳车。

拖拉机在作业中出现翘头时，应立即减小油门，分离离合器，减轻负荷，防止纵向翻车。拖拉机牵引(悬挂)农具以及履带式拖拉机、自走式联合收割机通过村镇和危险地段，应有专人护行、不应高速行驶。倒车前，应认真观察周围情况，确认安全，并发出信号方可倒车，必要时应有专人指挥。拖拉机牵引车辆，一台拖拉机只准牵引一辆，并低速行驶，其后不应再挂接农具或者挂车。被牵引车辆夜间应有照明设备以及灯光信号并由正式驾驶员操作。牵引制动器失灵车辆时应采用硬连接方式，转向器失灵的车辆不应牵引。同一类型的自走式农业机械可以互相牵引，小功率的不应牵引大功率的，轻便式自走农业机械不应牵引履带式自走农业机械。停车应选好地点，停车后应锁定制动装置，放下悬挂农具，发动机熄火后，应关闭电源开关，取走钥匙。

履带式推土机不应在大于20°的坡地上横向作业。驾驶挖掘机作业时，应注意与地、空电线、电缆保持一定的安全距离(视电压而定，一般情况离低压线应大于0.5～1 m，高压应不小于2 m以上)。在挖掘机的作业旋转半径5 m之内，不应有人停留或从事其他工作。

挖掘机不应采用工作装置突然冲击方式破碎硬物或进行挖掘作业，不应通过平台回转、用铲斗后壁来平整场地。吊装作业时，应根据挖掘机的功率、载荷重量和宽度、地形条件确定。起吊额定承载范围的物体时，只准用挂钩吊链，不应用铲斗齿吊物。挖掘机通过浅水、障碍物、不平地面时，应检查土壤条件，有专人指挥慢行通过。

山区道路运输作业出车前应备足三角木，检查挂车牵引插销、保险销、保险链是否牢固，转身制动是否灵敏可靠。让车、会车不应太靠路边行驶，遇狭窄路面应提前鸣号提示并选择安全地段进行。通过溪流前应探明水位、流速、河床等情况，应在河床坚实，水深不超过后轮轴线，确保安全后方可低速通过，中途不应换挡、停车。在雾天和泥泞的山区道路上，同方向行驶的车辆，前、后两车间的距离应保持50 m以上。冰雪路面轮式拖拉机应增加配重、安装防滑装置，适当降低轮胎气压，不应使用磨损严重无花纹的轮胎在冰雪道路上行车。履带式拖拉机应适当减小履带的张紧度。不应高速行驶、急转弯、紧急制动、猛转方向盘。通过冰冻的江河、湖泊时，应查明冰层厚度和坚固性，在确保安全的情况下，方可匀速行驶，中途不应停车，不应多台车列队通过。初冻和化冻季节，不应通过。驾驶人员在冰雪道路上驾驶车辆时应戴深色防护眼镜。滩涂作业应根据潮汐规律，科学地制定作业时间，不应延时作业。滩涂作业拖拉机应安装防水制动装置。

二、农机具农田作业操作规程

在安全和高效率的原则下，根据不同的地况使用不同种类和型号的犁。悬挂犁的起落应缓慢、平衡、不准操作过猛，不应用人体加重迫使犁铧入土。更换犁铲或排除犁的故障时，拖拉机应先熄火或解除挂钩。停车后应使悬挂机具着地，不允许经常处于悬挂状态停放。犁未提升前，严禁拖拉机转弯与倒退，严禁绕圈耕地。牵引犁直拉杆上的安全销，只允许用低碳钢材料加工更换，不准用其他材料代替或随意改变尺寸。转移地块或运输时，必须将犁的工作机构升到最高位置加以锁定，使农具处于运输位置，并调紧限位链。长距离转移时要卸去犁铲和抓地板，运输途中，犁上不准坐人或放置重物。禁止高速行驶和急转弯。

多台耙组合作业时，其挂接点必须牢固可靠，并应设置保险链；复合作业时，不应用耙轴拖带农具。配重箱上不准放置石块、铁器等硬物，配重箱、牵引架、联结器以及耙架上严禁乘坐人员。发生严重壅土、拖堆现象，应分析原因、加以排除，不准强行作业和用手、脚直接清理。

拖拉机与播种机之间必须设置联系信号。作业中，不应用手或金属件直接清理开沟及排种、排肥装置或在排肥箱内扒平肥料。播拌有农药的种子或者播种兼施化肥时，参加作业的人员应穿戴防护用品，作业结束后应洗漱干净。

参加植保作业的人员应熟悉药剂性能，使用、保管中的防毒措施，以及中毒的现场救护方法。作业人员应穿戴防护用品，作业区内应存有必要的急救药物和清水。伤口未愈、哺乳妇女、孕妇以及其他不宜参加植保作业的人员不应参加作业。拌药和药剂灌装地点，如有药粉、药液洒落地面，应彻底清除或用土掩埋。作业机械的药剂箱、管道以及管道接口不应渗漏。作业时工作压力不应超过规定值，在拆卸接头和喷头前应消除药液箱内的压力，夜间作业不应用明火察看药箱和药液。牵引式和悬挂式机动喷雾机应逆风运行作业，人力喷粉喷雾作业时，人应站在上风，不准在高温下长时间作业。作业现场不准喝水、饮食、吸烟、人体裸露部分应避免与药剂直接接触。作业后，手、脚、脸、鼻、口都应洗漱干净，鞋帽、手套、口罩、工作服未经清洗不准带入住宅内。作业结束后，应选择适当地点清洗机械，严防污染水源。已盛装过农药的器具和包装物品，应妥善处理，不准乱扔，避免危险和二次污染，并严禁用于盛装农产品以及其他食品。剧毒药剂应指定地点专人保管。

用电动机作动力的机械设备、电器及其他用电设备的操作与维护，必须由持有电工操作证的专业技术人员操作，应遵守有关农村安全用电规定。排灌站内应配备完好的电工专用工具及安全保护、消防设施，防止触电和发生火灾。动力传动部位须设安全防护装置，传动皮带接头须牢固，皮带长度及松紧度要适宜。不准在机械运转时摘、挂皮带和跨越皮带。潜水电泵使用中不应脱水作业，脱水空运转试车不应超过 5 min，电源线不应受力，不应横卧着地，更不应陷入泥中作业。机井所用的井管、输水管主要材料不应随意代用。水位下降，需将离心泵下沉使用时，应严禁动力机架在水泵上方垂直转动，内燃机不准入坑作业。卧泵坑上方应有放水沿，并要清除一切杂物，不准放置工具、零件等，入坑作业人员必须戴安全帽。长期停泵，应盖好卧泵坑，人员入坑前应检查坑下空气情况，避免中毒或者窒息。井口作业所用工具，零件应有保险绳索，防止掉入井中。

联合收割机作业人员应由梯子上下，梯子上不应有打滑物。切割器堵塞时，不应用手或金属件直接清理，应在停机和切断动力后进行清理。切割器和滚筒堵塞时，不应在同一时间内同时进行清理，在清理切割器时，不应转动滚筒。卸粮时，人不应进入粮仓，不应用手、脚或工具伸入粮仓推送清理粮食。对割晒机和联合收割机进行保养、检修或排除故障时，发动机应熄火。保养、检修完毕，应待机组人员全部就位后，用人力转动，确认各部位运转正常，并及时发出呼应信号后，方可开动机器。作业过程中，水箱水温过高时，应立即停车，待机温下降后再拧开水箱盖，添加冷却水。如发现发动机工作时断水、严重过热，应立即怠速运转，降低机温后，再徐徐加入冷水。严禁停车后立即加入冷水。冷却水开锅需要打开水箱盖时，严禁用手直接打开水箱盖，应用抹布或麻袋包住水箱盖后，先轻旋使水箱内蒸汽跑出，待水箱内外压力一致时，方可打开水箱盖。注意操作时人不可正对着水箱盖口操作，以防水蒸气冲出造成人员烫伤。机组在转移途中或由道路进入田间时，应事先确认道路、堤坝、便桥、涵洞等能否承受机组重量，切勿冒险通行。行驶途中左、右制动踏板应连锁，注意观察道路前方车辆、行人动态，遇有情况时，应立即减速靠右行，必要时应停车避让。上、下坡和上、下渡船以及通过狭窄地段时，应有人协助指挥驾驶。严禁在不平道路上高速行驶，禁止空挡或发动机熄火溜坡。

三、场地机械操作规程

场地应平坦、坚实，避开高压输电线路。场上所有工具，用具应放在规定的地点，不应乱放，不应将工具放置在脱粒机上和喂料口处。作业前，脱粒机应用额定转速空 30 min，无异常声响和振动、喂入口无回风、停机检查轴承温度不烫手、紧固件无松动方可进行作业。脱粒机、扬场机、扬谷风扇等场上作业机械转移或移位时，应切断电源，待机器停止转动后进行，在尚未停止转动前，不应用人为的方法对旋转物体强行制动。不应在柴油机飞轮上安装叶片充当扬风扇。在精度、碎米、断谷达到要求的情况下，尽量开大进口插板，直到满负荷为止。磨粉机的轴瓦盖和牙轮箱应经常盖好，防止粉尘或货料漏入。粉碎机作业时，操作人员应站在离锤片旋转的切线方向，不准戴手套喂入，手不得超越安全线，更不准用铁器和棍棒代替手喂入。操作者要戴上眼镜。工作场所应有抽风装置并严禁烟火，防止粉尘爆炸起火。榨油机喂料应均匀连续，不能太猛，不准用金属件捅料。装入榨油机的油饼必须有一定的厚度，不足一榨时，只许在顶板一端垫上平整的硬木板，严禁在压榨板端垫空饼圈或者其他不平的物体，防止损坏压榨板。液压榨油机在额定压力下工作时，各油管接头密封处无渗漏，超过规定压力时，安全阀应自动打开。全部压力泄除后，压力表应回到零位。严禁拧动各部螺母和敲打榨油机的各个部位。轧花场严禁烟火。轧花场地必须加强通风除尘设备的维护和清扫。作业中，要经常检查机器的工作状况，发生肋条堵塞，应立即停机清理，以防锯片摩擦起火或者损坏锯片。清理时不准用手或者金属件直接清理。

【任务实施】

1. 拖拉机运行安全操作规程

学生以小组为单位，根据指定的作业地点，讨论机组到达作业地点及作业中安全注意事项。

2. 场地作业机械安全操作分析

根据给定的作业机组，指定的作业地点，学生以小组为单位，讨论安全操作注意事项，并说明原因。

拓展资料：

农机部分安全标志

高压喷射

湿地跌倒

落盖砸伤

落物砸伤

想一想

1. 农机场地作业安全防火措施有哪些？
2. 拖拉机坡地作业注意事项有哪些？

项目 2

农机事故处理与预防

【项目描述】

农业机械事故，是指农业机械在作业或者转移等过程中造成人身伤亡、财产损失的事件。

农业机械在道路上发生的交通事故，由公安机关交通管理部门依照道路交通安全法律、法规处理；拖拉机在道路以外通行时发生的事故，公安机关交通管理部门接到报案的，参照道路交通安全法律、法规处理。农业机械事故造成公路及其附属设施损坏的，由交通主管部门依照公路法律、法规处理。

农机事故分为特别重大农机事故、重大农机事故、较大农机事故和一般农机事故。特别重大农机事故，是指造成 30 人以上死亡，或者 100 人以上重伤的事故，或者 1 亿元以上直接经济损失的事故；重大农机事故，是指造成 10 人以上 30 人以下死亡，或者 50 人以上 100 人以下重伤的事故，或者 5 000 万元以上 1 亿元以下直接经济损失的事故；较大农机事故，是指造成 3 人以上 10 人以下死亡，或者 10 人以上 50 人以下重伤的事故，或者 1 000 万元以上 5 000 万元以下直接经济损失的事故；一般农机事故，是指造成 3 人以下死亡，或者 10 人以下重伤，或者 1 000 万元以下直接经济损失的事故。

县级以上地方人民政府农业机械化主管部门负责农业机械事故责任的认定和调解处理。

任务 1　农机事故处理

【任务目标】

1. 了解农机事故处理流程。
2. 正确处理农机事故。

【任务准备】

一、农机事故处理常识

发生农机事故后，农机操作人员和现场其他人员应当立即停止农业机械作业或转移，保护现场，并向事故发生地县级农机安全监理机构报案。造成人身伤害的，还应当立即采取措施，抢救受伤人员；造成人员死亡的，还应当向事故发生地公安机关报案。因抢救受伤人员变动现场的，应当标明事故发生时机具和人员的位置。

发生农机事故，未造成人身伤亡，当事人对事实及成因无争议的，可以在就有关事项达成协议后即行撤离现场。发生农机事故后当事人逃逸的，农机事故现场目击者和其他知情人应当向事故发生地县级农机安全监理机构或公安机关举报。接到举报的农机安全监理机构应当协助公安机关开展追查工作。

接到事故现场报案的，县级农机安全监理机构应当立即派人勘查现场，并自勘查现场之时起 24 小时内决定是否立案。

事故处理文书包括：农机事故案件登记表、农机事故认定书（简易程序）、农机事故不予立案（调解）通知书、移送（交）案件通知书、农机事故立案登记表、扣押决定书、农机事故抢救费支付（垫付）通知书、农机事故认定书、农机事故认定复核受理通知书、农机事故认定复核不予受理通知书、农机事故认定复核结论、农机事故损害赔偿调解通知书和农机事故损害赔偿调解终结书等文书。

二、农机事故处理流程

1. 受理

农机安全监理机构接到事故报案，记录内容包括：报案方式、报案时间、报案人姓名、联系方式，电话报案的还应当记录报案电话；农机事故发生的时间、地点；人员伤亡和财产损失情况；农业机械类型、号牌号码、装载物品等情况；是否存在肇事嫌疑人逃逸等情况。

2. 勘察处理

组织抢救受伤人员；保护、勘查事故现场，拍摄现场照片，绘制现场图，采集、提取痕迹、物证，并制作现场勘查笔录；对涉及易燃、易爆、剧毒、易腐蚀等危险物品的农机事故，应当立即报告当地人民政府，并协助做好相关工作；对造成供电、通信等设施损毁的农机事故，应当立即通知有关部门处理；确定农机事故当事人、肇事嫌疑人，查找证人，并制作询问笔录；登记和保护遗留物品。

3. 事故认定

农机安全监理机构在进行事故认定前，应当对证据进行审查，符合规定的证据，可以作为农机事故认定的依据，不符合规定的，不予采信。证据是否是原件、原物，复印件、复制品与原件、原物是否相符；证据的形式、取证程序是否符合法律规定；证据的内容是否真实；证人或者提供证据的人与当事人有无利害关系。

经核查无法证明农机事故事实存在，或不在管辖范围内的，农机安全监理机构应当制作农机事故不予立案（调解）通知书，注明理由，送达当事人。当事人申请调解超过法定时限、对农机事故认定有异议或者各方当事人未共同申请调解的，农机安全监理机构应当制作农机事故不予调解通知书，说明不予调解的理由和依据，送达当事人。农机安全监理机构经核查不属于农机事故或不属于管辖范围，以及需移送公安机关依法对肇事者追究刑事责任时，将案件或案件卷宗移送（交）相关部门时使用移送（交）案件通知书。

农机安全监理机构决定对农机事故进行立案调查时使用农机事故立案登记表：“事故地

点”应当填写发生事故的地理方位或农田、场院的正式名称；“报案内容”应当填写报案人报案的方式和报案的基本情况；“初步调查内容”应当填写办案人根据现场勘查及现场调查，初步查明事故的基本情况；“办案人意见”应当填写办案人根据初步调查情况，提出是否立案的意见；“领导批示意见”应当填写农机安全监理机构负责人是否同意立案的决定。

农业机械化主管部门对肇事后企图逃逸的、拒不停止存在重大事故隐患农业机械的作业或者转移的当事人，扣押农业机械及证书、牌照、操作证件等时使用扣押决定书和扣押物品清单。“驾驶(所有)的”后横线填写农业机械名称；“及”后横线填写证书、牌照、操作证件等；“扣押期限为”后横线填写扣押的具体期限，扣押期限不超过 30 日。情况复杂的，经农业机械化主管部门负责人批准，可延长最多不超过 30 个工作日。扣押期限不包括检验或鉴定的时间。扣押决定书加盖负责事故处理的农业机械化主管部门公章。

扣押物品清单应当对物品的名称、规格、数量等做清楚记录，必要时应当对登记物品拍照。当事人领取扣押物品应当签名并签注日期。扣押物品清单一式两份，经当事人和两名事故处理人员共同签名后，由当事人和行政机关分别保存。当事人拒绝签名的，应当注明。

农机安全监理机构应当依据以下情况确定当事人的责任：因一方当事人的过错导致农机事故的，该方当事人承担全部责任；因两方或者两方以上当事人的过错发生农机事故的，根据其行为对事故发生的作用以及过错的严重程度，分别承担主要责任、同等责任和次要责任；各方均无导致农机事故的过错，属于意外事故的，各方均无责任；一方当事人故意造成事故的，他方无责任。

农机事故认定书载明以下内容：事故当事人、农业机械、作业场所的基本情况；事故发生的基本事实；事故证据及事故成因分析；当事人的过错及责任或意外原因；当事人向农机安全监理机构申请复核、调解和直接向人民法院提起民事诉讼的权利、期限；做出农机事故认定的农机安全监理机构名称和农机事故认定日期。

农机事故认定书应当由事故处理员签名或盖章，加盖农机事故处理专用章，并在制作完成之日起 3 日内送达当事人。当事人有农机安全违法行为的，农机安全监理机构应当在作出农机事故认定之日起 5 日内，依照《农业机械安全监督管理条例》做出处罚。

农机事故肇事人构成犯罪的，农机安全监理机构应当在人民法院做出的有罪判决生效后，依法吊销其操作证件；拖拉机驾驶人有逃逸情形的，应当同时依法做出终生不得重新取得拖拉机驾驶证的决定。

【任务实施】

1. 模拟农机事故接警登记

学生以小组为单位，模拟农机事故接警登记。

2. 农机事故处理

根据给定的农机事故资料，学生以小组为单位，讨论事故处理流程及结果，并说明理论依据。

【任务巩固】

农机事故案件登记表

第　　号

<table>
<tr><td>案　　由</td><td colspan="7"></td></tr>
<tr><td>案件来源</td><td colspan="7"></td></tr>
<tr><td>接报时间</td><td colspan="7"></td></tr>
<tr><td>接报方式</td><td colspan="7"></td></tr>
<tr><td>农机名称</td><td colspan="2"></td><td>型号</td><td colspan="2"></td><td>号牌</td><td></td></tr>
<tr><td rowspan="3">报案人</td><td>姓名(名称)</td><td></td><td>性别</td><td></td><td colspan="2">报案(联系)电话</td><td></td></tr>
<tr><td>住址(或单位)</td><td></td><td></td><td></td><td colspan="2"></td><td></td></tr>
<tr><td>附注</td><td></td><td></td><td></td><td colspan="2"></td><td></td></tr>
<tr><td colspan="8">接报记录：</td></tr>
<tr><td>受案人意见</td><td colspan="7">签名：　　　　　　年　　月　　日</td></tr>
<tr><td>领导批示意见</td><td colspan="7">签名：　　　　　　年　　月　　日</td></tr>
</table>

农机事故认定书(简易程序)

第　　号

<table>
<tr><td colspan="5">事故时间：　年　月　日　时　分　事故地点：</td></tr>
<tr><td colspan="2">当事人姓名</td><td>联系方式</td><td>驾驶证号</td><td>农机名称及号牌</td></tr>
<tr><td colspan="2"></td><td></td><td></td><td></td></tr>
<tr><td colspan="2"></td><td></td><td></td><td></td></tr>
<tr><td colspan="2"></td><td></td><td></td><td></td></tr>
<tr><td>农机事故事实</td><td colspan="4">当事人：</td></tr>
<tr><td>责任及调解结果</td><td colspan="4">当事人：　（专用章）
事故处理人员：　年　月　日</td></tr>
<tr><td colspan="5">注：有下列情形之一或者调解未达成协议及调解生效后当事人不履行的，当事人可以向人民法院提起民事诉讼：
1. 当事人对农机事故认定有异议的；
2. 当事人拒绝在事故认定书上签名的；
3. 当事人不同意由农机事故处理人员调解的。</td></tr>
</table>

农机事故现场图形符号见表 7-1。

表 7-1 农机事故现场图形符号

1. 拖拉机及配套机具图形符号

序号	名称	图形符号	说明
1.1	轮式拖拉机平面	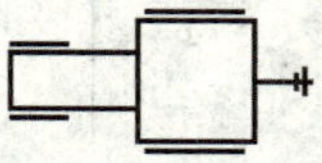	
1.2	轮式拖拉机侧面	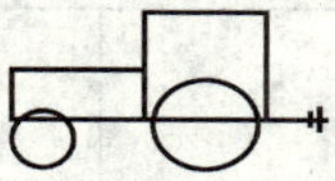	
1.3	轮式拖拉机挂车平面	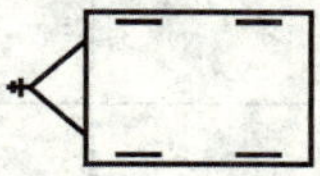	
1.4	轮式拖拉机挂车侧面		
1.5	手扶拖拉机平面	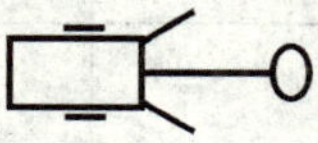	
1.6	手扶拖拉机侧面	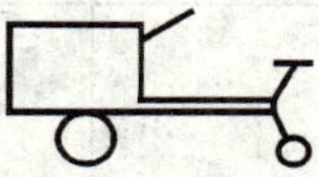	
1.7	手扶拖拉机挂车平面	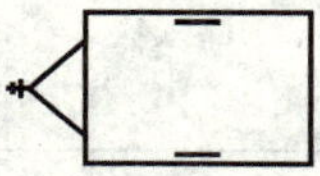	
1.8	手扶拖拉机挂车侧面	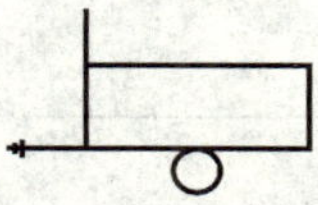	
1.9	手扶拖拉机运输机组平面	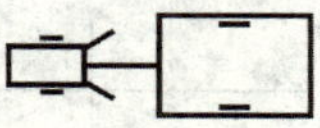	含手扶变型运输机
1.10	手扶拖拉机运输机组侧面	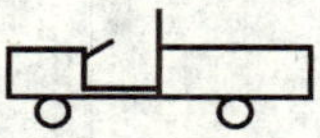	含手扶变型运输机
1.11	履带拖拉机平面	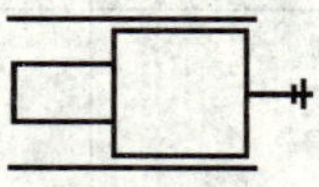	
1.12	履带拖拉机侧面	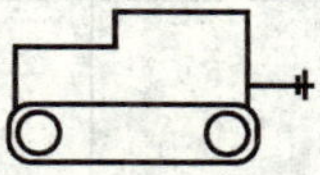	
1.13	旋耕机	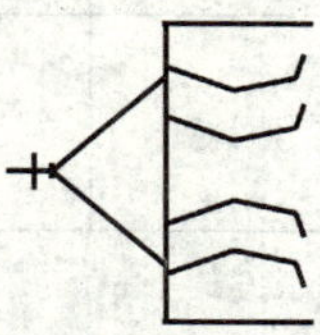	

续表 7-1

序号	名称	图形符号	说明
1.14	犁	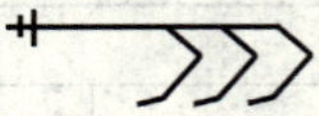	
1.15	耙	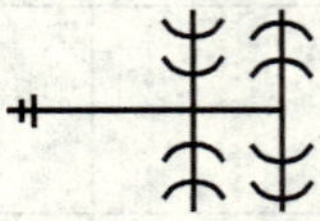	
1.16	播种机	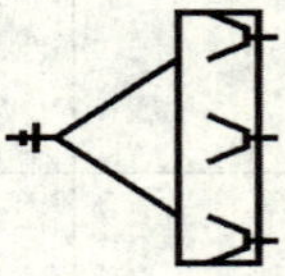	
1.17	开沟机	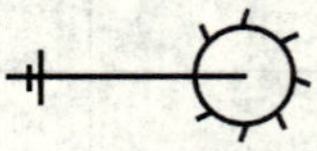	
1.18	挖坑机	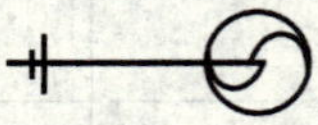	
1.19	起刨机	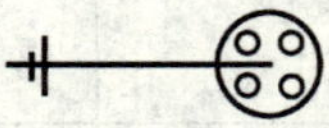	
1.20	秸秆还田粉碎机	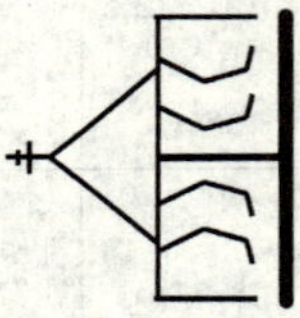	
1.21	其他配套机具		具体机具可用文字说明

2. 收获机械图形符号

序号	名称	图形符号	说明
2.1	轮式联合收割机平面	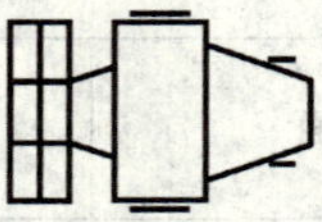	
2.2	轮式联合收割机侧面		
2.3	履带式联合收割机平面	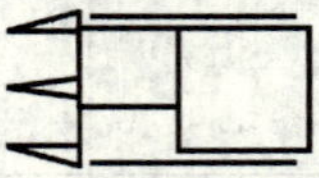	
2.4	履带式联合收割机侧面		

续表 7-1

序号	名称	图形符号	说明
2.5	机动脱粒机	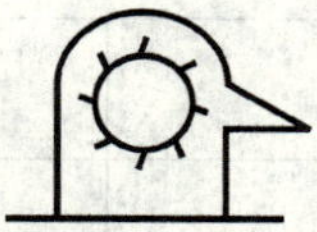	包括脱粒机、清选机、扬场机等
2.6	割晒机		

3. 其他农业机械图形符号

序号	名称	图形符号	说明
3.1	手扶式插秧机		
3.2	乘坐式插秧机	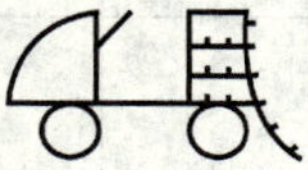	
3.3	机动植保机		
3.4	饲料粉碎机	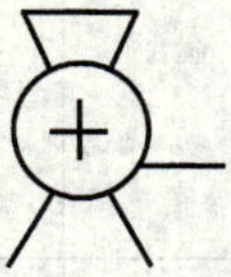	
3.5	铡草机		
3.6	水泵		
3.7	电动机	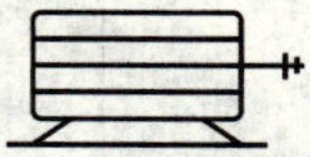	
3.8	柴油机		

续表 7-1

4. 其他车辆图形符号

序号	名称	图形符号	说明
4.1	货车平面	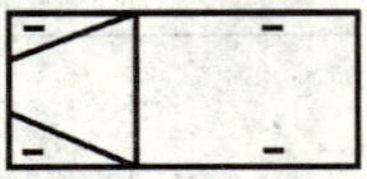	包括重型货车、中型货车、轻型货车、低速载货、专项作业车
4.2	货车侧面		按车头外形选择(平头货车)
4.3	货车侧面		按车头外形选择(长头货车)
4.4	正三轮机动车平面	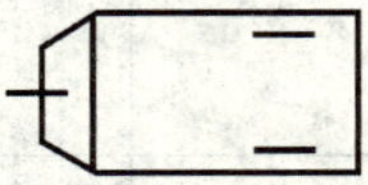	包括三轮汽车和三轮摩托车
4.5	正三轮机动车侧面	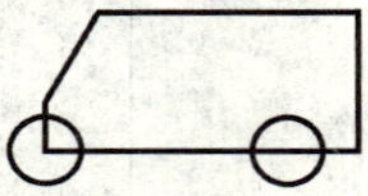	
4.6	侧三轮摩托车平面	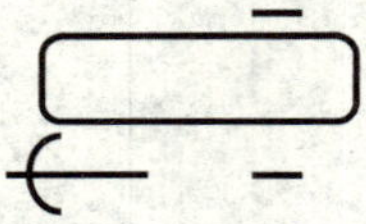	
4.7	普通二轮摩托车		包括轻便摩托车
4.8	自行车		
4.9	三轮车	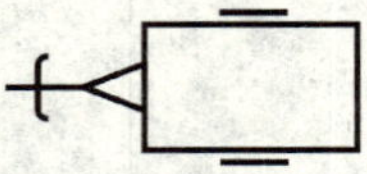	
4.10	人力车	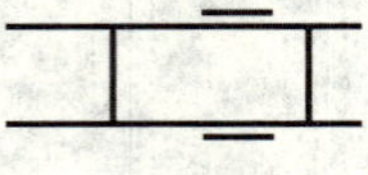	
4.11	畜力车	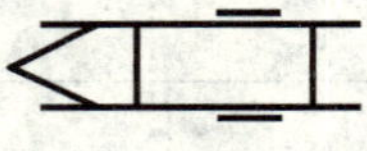	

续表 7-1

5. 人体图形符号

序号	名称	图形符号	说明
5.1	人体		
5.2	伤体		
5.3	尸体		

6. 牲畜图形符号

序号	名称	图形符号	说明
6.1	牲畜	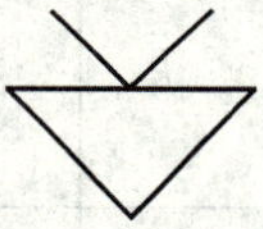	
6.2	伤畜	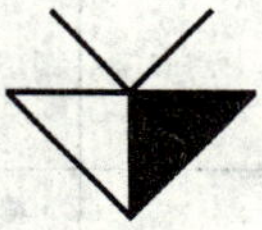	
6.3	死畜		

7. 农村道路和农田结构、功能图形符号

序号	名称	图形符号	说明
7.1	农村道路		路面类型、路面情况用文字说明
7.2	机耕道		
7.3	上坡道	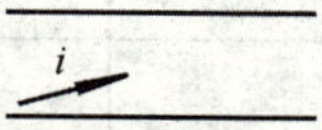	i 为坡度
7.4	下坡道	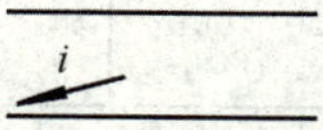	i 为坡度

续表 7-1

序号	名称	图形符号	说明
7.5	农村道路平交口	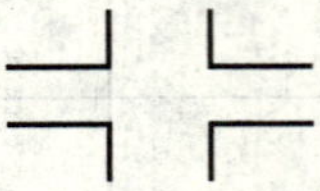	
7.6	施工路段		
7.7	桥	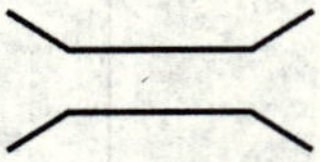	
7.8	漫水桥	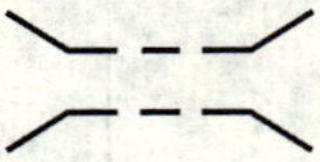	
7.9	路面凸出部分	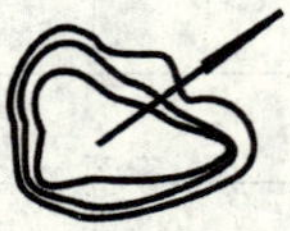	也可表示山岗、丘陵、土包
7.10	路面凹坑		也可表示凹地、土坑
7.11	路面积水	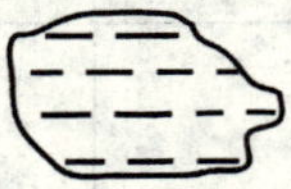	也可表示水塘
7.12	池塘		
7.13	水沟	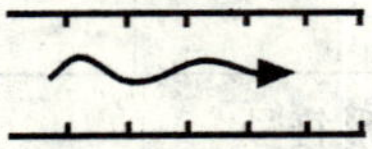	也可表示其他水沟、水渠
7.14	干涸水沟		也可表示其他干涸水沟、水渠

8. 土地利用、植被和地物图形符号

序号	名称	图形符号	说明
8.1	旱田	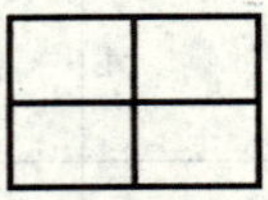	
8.2	水田	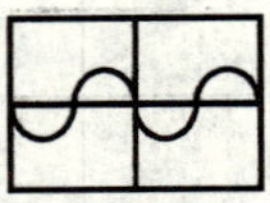	

续表 7-1

序号	名称	图形符号	说明
8.3	梯田	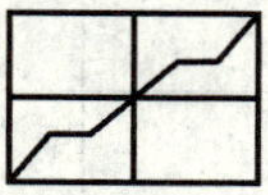	
8.4	田埂	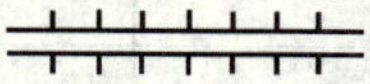	
8.5	垄沟		
8.6	农作物平面		具体农作物可用文字说明
8.7	农作物侧面		具体农作物可用文字说明
8.8	树木平面		
8.9	树木侧面		
8.10	大棚	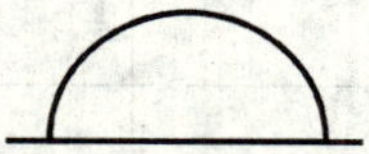	
8.11	建筑物		
8.12	场院围墙及大门		
8.13	机库	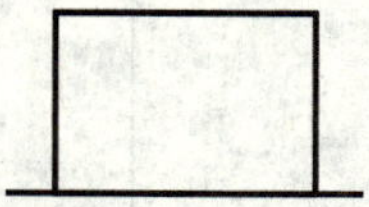	
8.14	电杆		
8.15	秸秆、碎石、沙土等堆积物		外形根据现场实际情况绘制
8.16	其他物品	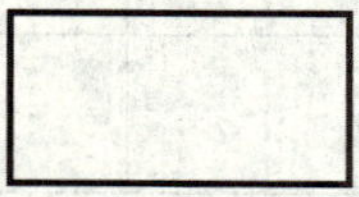	中间填写物品名称

续表 7-1

9. 动态痕迹

序号	名称	图形符号	说明
9.1	轮胎滚印		
9.2	轮胎拖印	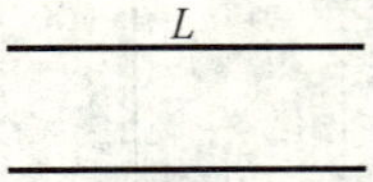	L 为拖印长，双胎则为：
9.3	轮胎压印		
9.4	轮胎侧滑印		
9.5	履带压印		
9.6	挫划印		
9.7	血迹	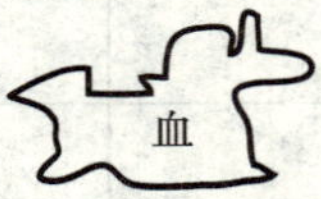	
9.8	其他洒落物		画出范围图形，填写名称

10. 农机事故现象图形符号

序号	名称	图形符号	说明
10.1	接触点	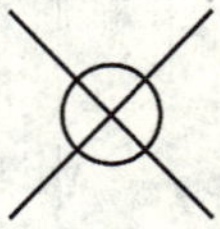	
10.2	农业机械行驶方向		
10.3	其他机动车行驶方向		
10.4	非机动车行驶方向		
10.5	人员运动方向		

续表 7-1

11. 其他

序号	名称	图形符号	说明
11.1	方向标		方向箭头指向北方
11.2	风向标		X 为风力级数

任务 2 农机事故预防

【任务目标】

1. 熟知农机事故发生的原因。
2. 预防农机事故。

【任务准备】

农业机械所有人应当确保农业机械的安全警示标志、防护装置等安全设施齐全有效。机动植保机械、机动脱粒机、饲料粉碎机、插秧机、铡草机等农业机械在进行第一次安全检验时，其所有人应当提供来历证明、农业机械和个人基本信息。具体定期检验间隔由省级人民政府农业机械化主管部门根据当地机械操作使用的实际需要确定。

不应投入作业的农业机械：按规定应报废、淘汰的农业机械；自行拼装和改装的农用动力机械、作业机械和自走式农业机械；机组安装不正确、不稳固、联接不当；无完备可靠的安全防护装置；发动机起动性能不正常，运转及怠速不平衡，并有异响，机油压力不正常；发动机功率低于额定功率 75%，消声器有放炮现象，发动机停机装置不灵活，发动机供给系、润滑系、冷却系的机件不齐全、性能不良。发动机经过大修后，使用前必须严格按照技术规程进行磨合试运转。未经磨合试运转的，不准正式投入使用。

农机事故分类：无证驾驶，指农业机械驾驶人没有领取驾驶证而驾驶农业机械，或持有已经失效的驾驶证驾驶农业机械及驾驶与驾驶证准驾机型不相符合的农业机械造成事故的；酒后驾驶，指饮酒、醉酒后驾驶农业机械造成事故的；违法载人，指农业机械驾驶操作人违反交通法规和农机安全法规载人造成事故的；操作失误，指由于疏忽、判断错误及措施不当造成事故的；无牌行驶，指农业机械没有领取农机安全监理机构核发的号牌和行驶证或号牌、行驶证已经失效造成事故的；未年检，指农业机械未按规定参加年度检验造成事故的；超速超载，指超过道路交通法规和农机安全法规规定的速度驾驶农业机械或超过农业机械设计规定的载质量(牵引力)搭载物体造成事故;机件失灵、设施不全,指农业机械的机件磨损、断裂、调整不当,导致机件失去原有的功效等原因造成事故的;其他,指除上述原因外其他原因造成事故的。

【任务实施】

1. 农机安全隐患检查

学生以小组为单位,检查现场农机安全隐患。

2. 农机违规现象分析

根据给定的图片资料,学生以小组为单位,讨论可能发生事故并说明分析选择依据。

【任务巩固】

《农业部关于加强农机事故应急管理工作的意见》(部分)

一、充分认识做好农机事故应急管理工作的重要意义

我国每年发生农机事故近万起,死伤众多,给人民生命财产造成了巨大损失。加强农机事故应急救援工作,积极预防和妥善处置突发农机事故,是深入贯彻落实科学发展观、推进社会主义和谐社会建设的重要举措,有利于保护人民生命财产安全、保障农村社会的和谐稳定,促进农机化科学发展。

二、进一步明确应急管理工作的原则

各地要坚持"以人为本、属地管理、预防为主"的原则,认真做好农机事故应急管理和处置工作。要坚持以人为本原则,把保障人民群众生命财产安全作为出发点和着力点,提早预警、及时响应、科学应对、有效处置,最大限度地预防和减少农机事故造成的人员伤亡。要坚持属地管理原则,在地方人民政府领导下,与其他相关部门通力合作,按照各自职责和权限,做好应急管理和应急处置工作。要坚持预防为主原则,切实贯彻落实"安全第一、预防为主、综合治理"的方针,强化事故预防与做好应急处置工作相结合,加强安全宣传与教育培训工作,做好农机事故的预防、预测、预警和预报工作。

三、建立健全农机事故应急预案和组织体系

各级农机化主管部门要成立相应的农机事故应急领导机构、现场应急救援指挥机构和日常管理机构。应急领导机构由主管农机化工作的负责人兼任组长,农机化行政管理机构、农机监理机构负责人兼任副组长,成员由相关负责人兼任。现场应急救援指挥部由事发地人民政府农机化主管部门和先期抵达现场的救援力量构成。指挥部总指挥一般由农机安全监理机构负责同志担任。现场应急救援指挥部负责现场处置农机事故,协调事故处置过程

中的各种关系，及时向应急领导机构指挥部报告事故发展及救援情况，农机事故应急处置的日常管理机构一般设在相应的农机监理机构，负责 24 h 农机事故接报工作，接收、处理农机事故信息，跟踪了解与农机事故相关的突发事件。

四、切实强化农机事故预测预警工作

各级农机化主管部门应当加强对农机事故隐患的排查，对可能引发农机事故的隐患和苗头，进行全面评估和预测，做到早发现、早报告、早解决。各级农机化主管部门在接到可能导致农机事故的信息后，要组织农机监理机构按照应急预案及时研究确定应对方案，采取相应行动预防事故发生。

五、认真做好分级响应和应急处置

根据农机事故等级标准，农机化主管部门的应急响应级别分为部、省、地（市）、县四级。发生特别重大农机事故，由农业部启动应急响应（Ⅰ级），并立即报请国务院指导、协调事故的处置工作，派人员赶赴现场指挥农机事故的应急处置工作。发生重大农机事故，由省级农机化主管部门启动应急响应（Ⅱ级），并派人员赶赴现场指挥农机事故的应急处置工作。发生较大农机事故，由地（市）级农机化主管部门启动应急响应（Ⅲ级），并派人员赶赴现场指挥农机事故的应急处置工作。发生一般农机事故，由县级农机化主管部门启动应急响应（Ⅳ级），并现场指挥农机事故的应急处置工作。各地要结合本地区实际，进一步确定Ⅱ、Ⅲ、Ⅳ级农机事故应急响应程序。农机安全事故发生后，事发地农机化主管部门和农机监理机构要按职责分工立即启动应急预案，派人赶赴现场，抢救受伤人员，保护好现场，控制事故机具和驾驶人员，防止事态扩大。造成人员死亡的，要向事故发生地的公安机关报告。

六、及时报送农机事故应急信息

事故发生地农机安全监理机构要严格执行农机事故应急值班制度，确保通信网络畅通，及时接收农机事故信息，并经迅速核实事故有关情况后，立即按规定进行上报。特别重大或者重大农机事故发生后，事发地农机安全监理机构应通过电话、传真等形式立即报告本级农机化主管部门，确保在事故发生 2 h 内报告至农业部农机监理总站。特殊情况下，事发地农机安全监理机构可以通过电话、传真等形式，直接将较大、重大、特别重大农机事故向上级农机化主管部门和农业部农机监理总站报告。

七、全面落实应急工作的保障措施

各级农机化主管部门要将农机事故应急管理作为一项重要工作，加强领导，落实责任。要建立健全农机事故应急管理工作责任制，并将落实情况纳入农机化工作目标考核的内容，对有失职、渎职、玩忽职守等行为延误事故处理工作的，要依法依纪追究责任。要加强农机事故救援处置装备建设，配备必要的应急救援装备，确保通信畅通，确保应急救援工作的顺利实施。要建立健全以农机安全监理人员为基础的应急队伍，形成规模适度、管理规范的应急队伍体系。要加强相关宣传教育，广泛宣传农机安全生产应急处置的相关知识，提高农机驾驶（操作）人员预防、避险、避灾、自救、互救等技能。定期开展应急培训工作，加强对应急处置相关人员的培训，提高其业务素质和专业技能。基层农机化主管部门每年至少要组织一次本系统、本单位农机事故应急演练。要加强对下一级农机事故应急预案制定、培训、演练和预案的执行情况等进行指导、督促和检查，切实提高农机事故应急处置水平。

模块八

农机创新设计

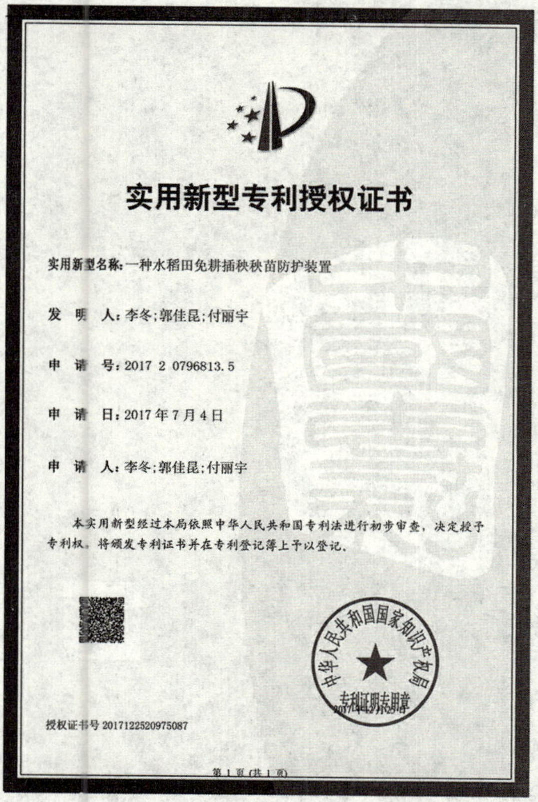

实用新型专利授权证书

实用新型名称：一种水稻田免耕插秧秧苗防护装置

发 明 人：李冬；郭佳昆；付丽宇

申 请 号：2017 2 0796813.5

申 请 日：2017 年 7 月 4 日

申 请 人：李冬；郭佳昆；付丽宇

本实用新型经过本局依照中华人民共和国专利法进行初步审查，决定授予专利权，将颁发专利证书并在专利登记簿上予以登记。

中华人民共和国国家知识产权局 专利证明专用章

授权证书号 2017122520975087

第 1 页（共 1 页）

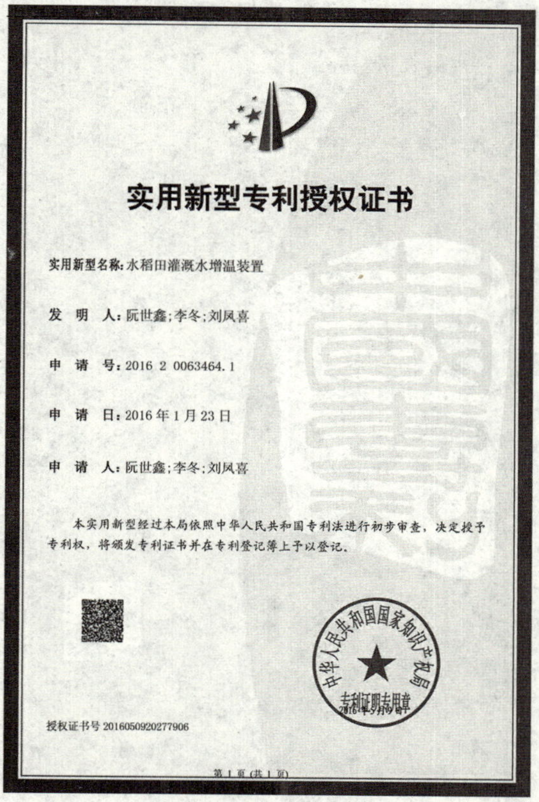

实用新型专利授权证书

实用新型名称：水稻田灌溉水增温装置

发 明 人：阮世鑫；李冬；刘凤喜

申 请 号：2016 2 0063464.1

申 请 日：2016 年 1 月 23 日

申 请 人：阮世鑫；李冬；刘凤喜

本实用新型经过本局依照中华人民共和国专利法进行初步审查，决定授予专利权，将颁发专利证书并在专利登记簿上予以登记。

中华人民共和国国家知识产权局 专利证明专用章

授权证书号 2016050920277906

第 1 页（共 1 页）

项目1

农业机械知识产权

【项目描述】

农业机械研究难出成果，难做论文，很多基层农机技术员，多年没有科研成果，撰写论文无从下手，作为工作量的一部分，农机技术员经常四处求人帮忙。

基层农机技术员的学术困境，主要源于参研途径和写作方法问题，仅管其本身积累了大量的实践经验、科研素材。实用新型专利是农机技术员望而生畏而又最易获得的成果。农机技术员对专利敬而远之，是对专利的成立特性不了解，不熟悉写作技巧。农机技术员与农机接触最为紧密，对现有设备的不足有数不尽的“牢骚”，其实这就是专利写作的突破点。知其不足，思索改进，只需针对写作方法进行一定的训练，学术成果就产生了。论文的写作，相比就更简单了一些。随着农业机械化重点技术的推广，可以从向广大读者展示和介绍先进的农机特点、应用方法、安全性、可靠性角度去写新设备，可以从向广大同行展示和介绍新设备本地化适用的经验和改良措施。在这些方面，基层农机技术员有得天独厚的资源。

任务1　农业机械领域专利写作

【任务目标】

1. 认知农机专利基本规则和方法。
2. 掌握农机专利写作技能。

【任务准备】

一、专利的构成

产品发明专利，产品发明是指人工制造的一切有形物品，包括制造品（如机器、设备、装置、用具等）、材料（如化学物质、合成物等）以及有新用途的产品发明。产品发明可以是一个独立的产品，也可以是一个产品的部件。未经人们加工制造而完全处于自然状态下的天然物不能作为产品发明的对象。

方法发明专利，是指发明人所提供的技术解决方法，可以针对某种物质或某种物品实施一定的作用，使其发生新的技术效果的一种发明。方法发明是用操作方式、工艺过程等形式表现其技术方案的。

实用新型专利，是指对产品的形状、构造或者其结合所提出的适于实用的新的技术方案。实用新型必须是某种产品。实用新型必须是具备一定形状、结构或两者结合的产品。实用新型必须有直接的实用功能价值。

外观设计专利，是指产品的形状、图案或者其结合以及色彩与形状、图案的结合所做出的富有美感并适于工业应用的新设计。外观设计包括对物品外形的三维空间的造型设计，也包括对物品外形的二维平面设计。必须是对产品的外表所做的设计，必须是适合于工业上应用的设计。外观设计必须能够产生美感。

违反法律、社会公德或者妨害公共利益的发明创造，不授予专利权。对违反法律、行政法规的规定获取或者利用遗传资源，并依赖该遗传资源完成的发明创造，不授予专利权。科学发现，智力活动的规则和方法，疾病的诊断和治疗方法，动物和植物品种，不属于发明创造的项目，规定不得授予专利权。

二、专利取得的条件

专利应具有新颖性，是指该发明或者实用新型不属于现有技术。也没有任何单位或者个人就同样的发明或者实用新型在申请日以前向国务院专利行政部门提出过申请，并记载在申请日以后公布的专利申请文件或者公告的专利文件中。申请专利的发明创造在申请日以前 6 个月内，有下列情形之一的，不丧失新颖性：在中国政府主办或者承认的国际展览会上首次展出的；在规定的学术会议或技术会议上首次发表的；他人未经申请人同意而泄露其内容的。

专利应具有创造性，是指与现有技术相比，该发明具有突出的实质性特点和显著的进步，该实用新型具有实质性特点和进步。

专利应具有实用性是指发明或者实用新型能够制造或者使用，并且能够产生积极效果。

专利申请的书面原则，是指申请人办理专利申请手续时，必须采用书面的形式。专利申请的书面原则，不仅适用于专利申请人，同时也适用于专利审批机关。

由于专利权是一种独占权、排他权，因此同一发明一般只能确定一位专利权享有人，如果有两人或两人以上的人就同一发明申请专利，如何确定专利权人成为专利法需要解决的问题。所谓先申请原则是指两个或两个以上的申请人就同样的发明申请专利时，专利授予最先申请的人。先申请原则最大的优点在于可以简化手续，提高工作效率。

专利申请单一性原则，又称“一申请一发明原则”。即一项发明创造只能作一次专利申请案申请，一般不允许合案申请，如果是两项以上的发明创造则应该分别提出申请。

三、信息检索渠道

科技信息类型：①图书：国际标准书号（ISBN）；②期刊：国际标准刊号 ISSN；③科技报告；④会议文献；⑤政府出版物；⑥专利文献：发明专利实用新型外观设计；⑦标准文献：国家标准行业标准地方标准；⑧产品资料；⑨学位论文：学士论文、硕士、博士；⑩技术档案。

万方数据知识服务平台是一个建立在因特网上的大型科技、商务信息服务平台，内容涉及理、工、农、医、人文等自然科学和社会科学的各个专业领域，共有 11 个数据库。

中国学术文献网络出版总库，文献总量 7 242 万篇。文献类型包括：学术期刊、博士学位论文、优秀硕士学位论文、工具书、重要会议论文、年鉴、专著、报纸、专利、标准、科技成果、知识元、哈佛商业评论数据库、古籍等；还可与德国 Springer 公司期刊库等外文资源统一检索。

重庆维普资讯有限公司的主导产品《中文科技期刊数据库》是经国家新闻出版总署批准的大型连续电子出版物，收录中文期刊 12 000 余种，全文 3 000 余万篇，引文 4 000 余万条，分三个版本（全文版、文摘版、引文版）和 8 个专辑（社会科学、自然科学、工程技术、农业科学、医药卫生、经济管理、教育科学、图书情报）定期出版，拥有高等院校、中等学校、职业学校、公共图书馆、研究机构、政府部门、企业、医院等各类用户 6 000 多家，覆盖海内外数千万用户。

【任务实施】

1. 分析专利的要素构成

选取典型专利进行要素分析。

2. 农机专利写作

根据农机具分类、农业机械分类、拖拉机分类，分析并试写专利。

【任务巩固】

一、专利文件构成

请求书：申请人的基本信息。

说明书：是权利要求书的支持表述，专利涉及的所有技术特征都必须包括在说明书内部。并且说明书还需要清楚、完整地公开要求保护的技术方案，记载足够的实施例，并需要确保本领域内的技术人员能够实现，从而实现向社会充分地公开发明内容。文体包括发明名称、技术领域、背景技术、发明内容、有益效果、附图说明、具体实施方式。

权利要求书：权利要求书由一组权利要求组成，一份权利要求书至少有一项权利要求，权利要求中所描述技术特征的总和是该发明的技术方案。独立权利要求是权利要求书文档的主体，用于记载解决技术问题的必要技术特征。必要技术特征是指发明为解决其技术问题不可缺少的技术特征，其涉及内容足以构成保护客体，使之区别于其他技术方案。从属权利要求是对另一项权利要求的进一步限定。从属权利要求中描述的是附加的技术特征，是对被引用的权利要求做进一步限定。

说明书摘要:说明书公开内容的概述,不超过 300 字。

说明书附图:附图是说明书的一个组成部分,用图形补充文字部分的描述,帮助理解发明的每个技术特征和整体技术方案。

摘要附图:可以等同说明书附图,只用一张,有大小要求。

二、水稻田灌溉水增温装置

1. 技术领域

本实用新型属于农业工程设备,主要涉及一种水稻灌溉用水增温装置,尤其是水稻田晒水池池水增温装置。

2. 背景技术

水稻是我国的主要粮食作物,东北的寒地水稻种植面积更是逐年递增,其灌溉方式以井水灌溉比例偏多,而井水灌溉存在的主要问题就是井水初始温度过低,井水与地温温差大不利于水稻正常生长。目前常用的井水增温措施有设立晒水池法、溅水物晒水板法、灌渠覆膜渠道增温法及小白龙井水增温法,这些措施每个环节都能起到一定的提温作用,但都存在着灌溉用水与太阳能接触时间短、接触面积小,灌溉水与稻田地温温差大的缺陷。

3. 发明内容

本实用新型的目的是要提供一种水稻田灌溉用水增温装置,它能有效的解决水稻灌溉用水水温低的问题,极大程度上缩小灌溉用水的水温与稻田地表温度的温度差,并且成本低,操作简捷。

本实用新型以夏天自然环境中的空气为热源,经太阳能空气加热器再次提高温度后换热给目标水体,可利用资源无限,补充迅速,改以往让灌溉用水主动与太阳能和空气接触的方法,并更为本实用新型的以太阳能和空气主动接触灌溉水的方法,应用成本低,操作简捷,通过控制空气的流量,彻底地解决了以往提温方法的灌溉用水与太阳能接触时间短、接触面积小、总体吸热量有限的缺陷。

4. 附图说明

具体实施方式一:如图 8-1 所示,本实施方式的水稻田灌溉水增温装置,它包括进风口 1、太阳能空气加热器 2、空气增压装置 3、输气管 4、晒水池 5、散热器 6、排气口 7,所述进风口 1 通过输气管 4 与太阳能空气加热器 2 相连,太阳能空气加热器 2 通过输气管 4 与空气增压装置 3 连接,空气增压装置 3 通过输气管 4 与散热器 6 连接,散热器 6 设置在晒水池 5 内底部,散热器 6 通过输气管 4 与排风口 7 相连,排风口 7 位于晒水池 5 外部。

本实施方式中,太阳能空气加热器 2 可采用中空金属管盘成或太阳能热水器代替。

本实施方式中,空气增压装置 3 可采用空气压缩机或风机。

本实施方式中,输气管 4 可采用金属管或塑料管、橡胶管。

本实施方式中,散热器 6 可采用多条输气管并联代替或由较长输气管盘成。

夏天自然环境温度比灌溉河水温度高 10℃左右,比灌溉井水高 25℃左右,中空的金属盘管,经太阳照射后比环境温度高 20℃左右。作业时,风机将自然环境中的空气由进风口吸入,经金属盘管太阳能空气加热器升温,加压提速后经散热器传递温度给水池里的水,换热

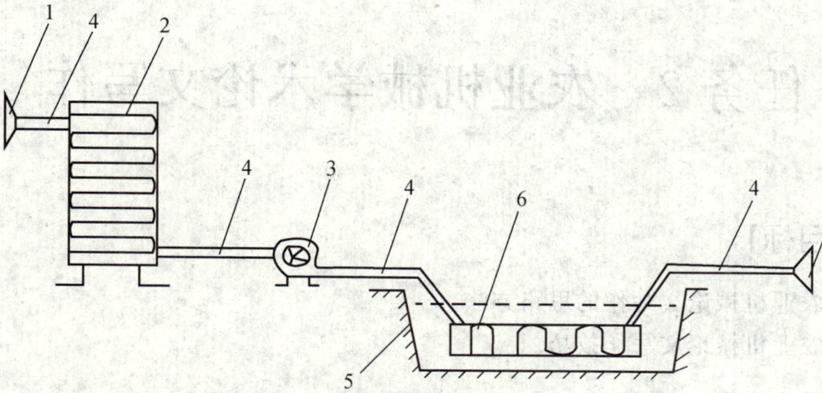

图 8-1　实用新型水稻田灌溉水增温装置的连接结构示意图

1. 进风口　2. 太阳能空气加热器　3. 空气增压装置　4. 输气管　5. 晒水池　6. 散热器　7. 排气口

后低温气体由排气口排到距离水池较远处，当灌溉水量较大或水温较低时，可以加大空气流量来加快升温速度。

三、发明专利与实用新型专利的区别

实用新型专利的创造性水平较发明专利低。实用新型专利仅是一种“小发明”，法律对其创造性的要求低于发明专利。我国专利法规定，对发明的创造性要求是与申请日以前已有技术相比有突出的实质性特点和显著进步，而对实用新型专利只要求与申请日以前已有技术相比有实质性特点和进步即可。实用新型专利的保护范围较发明窄。发明专利是对产品、方法或其改进所提出的新的技术方案，因此，它可以是产品发明，也可以是方法发明。产品可以是定形的和不定形的，除专利法特殊规定外，任何发明都可以获得专利权。可是，实用新型专利则不同，它仅限于产品的形状、构造或者其结合所提出的适于实用的新的技术方案。这样，它就不适用于物品的制造方法，同时，形状、构造或其组合无缘的产品也不能适用。所以说没有一定形状和结构的产品和方法不属于实用新型专利的保护范围。实用新型申请专利的手段简便。根据专利法规定，实用新型专利申请，经国务院专利行政部门初步审查认为符合专利法要求的，不进行实质审查，即公告授权。而发明专利则须经过形式审查和严格的实质审查，专利取得的程序较实用新型复杂得多。但是，由于实用新型专利不经新颖性、创造性、实用性方面的审质审查，因此，专利的可靠性和质量难以保证。实用新型专利保护期短。我国 1984 年制订的《专利法》中，实用新型专利的保护期只有 5 年，期满后可再续展 3 年，而发明专利有 15 年的保护期。1992 年修改后的《专利法》，实用新型专利的保护期为 10 年，发明专利的保护期则为 20 年。申请专利文件要求不同。申请发明专利，根据具体的申请对象可以有附图，也可以没有附图，而实用新型专利申请则必须要有附图。

想一想

1. 发明专利与实用新型专利的区别是什么？
2. 农机专利的背景怎么编写？

任务2　农业机械学术论文写作

【任务目标】

1. 认知农业机械论文写作的思路方法。
2. 掌握农业机械论文写作技巧。

【任务准备】

一、选题

科技论文的选题可以是通用技术的方法改进，常规技术的条件探讨，新技术的难点解读，农机营销及管理方案的规划等。但必须有感而发，有自己的观点，目的是解决一定的问题。需要解决的问题，应有一定的公认难度，关注度要高，观点新颖，解决方案有明显的先进性。很多论文来源于科研课题研究的阶段成果。

二、准备

论文的写作必须经得起推敲，对读者有应用价值。写作前应先查阅大量的相关文献，探讨将要发表论文论点新颖性、技术实施的可行性以及应用价值的大小。

三、格式架构

科技论文应从整体出发，各部分相互间联系紧密，通常包括技术事件的基本应用场合地位、目前国内外技术事件应用概况、本论文涉及场域对技术事件应用的问题探讨、解决方案与数据事实、结论。

四、科技论文的基本要求

主题突出，论点鲜明，还应结构严谨、层次分明、逻辑清晰、语言通俗通顺。文章不宜过短，插图、表格、公式制作规范。

五、论文技术含量评价

主题突出，选择有代表性的典型材料，事件地位高，有说服力。

逻辑思路清晰，正确反映客观事物的规律，符合人们的认识规律。

结构严谨，符合客观事物的实际情况，包含开始、中间、结尾三个阶段。

层次分明，文章中材料的次序，按照主题思想的需要，分出轻重缓急，依次表达，前后连贯，充分而鲜明地把主题思想表达出来。

分类发表，文章应当按照技术领域划分的期刊投稿，非对口的期刊对文章的审核结论差异会很大。

【任务实施】

1. 农机使用技巧习作

学生以小组为单位，探讨农机使用技巧。

2. 农机维修论文习作

学生以小组为单位，根据农机具分类、农业机械分类、拖拉机分类，总结相关维修技术要点。

【任务巩固】

黑龙江垦区农业机械化应用研究

随着水稻全程机械化生产技术的推广和黑龙江垦区水稻的种植面积、产量逐年增加提高，从宏观上看垦区各项关键技术标准的建立、落实都走到了全国的前列，但从局部和细处看，还存在如大棚秧盘的摆放这种重复性极高的工作还是纯人工，育苗播种还是半自动化等不同地区部分配套环节自动化程度不高，发展不平衡和机械运用效果较差等现象。

(1)每年到了插秧季节，都有开往建三江前进镇的专列运送插秧人员，2012 年有 10 万多名外来务工人员进入建三江管理局从事水稻插秧工作。主要为人工插秧用人，人工插秧的地段，主要特点是池形不规则，泥脚深，陷车严重，机械插秧难度大。再有就是机车手、随车摆苗、运苗、补苗人员，人工需求量大、劳动强度高、环境条件差的生产环节的机械化进程，因此建议在以下方面加强措施：

①垦区的旱改水一直在进行，田边地头利用率加大，也因此存在新池小，暗坑多等问题。有计划的继续推进“一大一平一畅通”的技术措施，加强规划标准与机械作业监管规范，为后续机械化作业铺平道路。

②机务工作者应根据不适应机插地的具体原因、面积等情况，与生产营销厂家协调，增加引进插秧机类型，手扶、自走、微型等，适应多种地形地况需要，逐步从机械型号和农艺标准两方面共同解决这些问题。

③补苗工作是人工的一大消耗点，考察、借鉴其他地区使用效果与经验，优先推荐名优高效产品，减少秧苗损失、漏插率，提高机械化效率与作业质量，有效地节约人力投入。

(2)插秧季节一过，进入 6 月，插秧机都会开进管理区机车停放地，清理后来年再用。一台插秧机每年只用不足一个月，其他时间闲置。可以改装现有机械的部件结构，使其实现一机多能，提高利用率，减少再投入成本。虽然个别单位，将插秧机换部件后进行植保作业，代替化学除草，以改善因化学除草造成的稻米品质下降问题，但数量少效果低。闲置机械的再开发利用，一是不能影响来年的正常使用，二是因地制宜，保证效益，不能为使用而强行改造。将插秧机部件拆下,配合运输轮及定制部件,从事果园园艺作业或沟渠除草作业等有待开发。

(3)在水稻的主要种植区的生产季节,农场停电频繁,电压不稳等现象很普遍。应加强电力基础设施建设,保证高峰季节供电需求,减少自发电抽水灌溉产生的环境污染并降低生产成本。主要消耗为水泵抽水用电,致使周边居民生活用电质量下降,生产成本高,一些偏远地块无电线可拉,只能用柴油机带,隐性污染加大。因此应有相关政策支持,督促各部门积极协调沟通,保证为农业发展配套电力设施。

(4)很多农业示范区和农业科技园,在浸种催芽、育秧等关键时期,不管是普通职工还是高校的农业专业毕业生,都是昼夜倒班吃住现场,雨天泥水相伴。敬业精神是一方面,其根源还是在设备的智能化、精度上不足。建议加强资金投入预算,积极引进试用新技术新农艺设施,完善现有设备功能,探索高效机械化的配套整合方案。不仅提供设备的厂家在推陈出新,应用者更应因地制宜,自我创新。一点温度监控变百点温度自动反应;普通塑料大棚建造工艺为微型机械化作业变通,浸种催芽设备先进性再开发,这些既是科研单位的职责,也是应用单位的利益需求。

(5)由于规模化和标准化生产的发展,农闲和农忙时间比例越来越大,各级机务工作者充分利用好农闲时间,加大多种农业作物生产机械化、设施化应用技术的培训力度,积极开发工厂育苗大棚种菜、食用菌培育、浸种设备养鱼等项目,为拓宽产业化道路奠定软件基础,在服务项目上与时俱进,主动跟进,既保证全局发展的社会效益,又增加经济效益。

(6)现基层中农业机械化专业方面的专、本科生非常少,大多数机务技术员是低学历认干型或是非专业自学成才型。即使是那些操作着上百万元大马力农机的驾驶员,高中以上学历的都屈指可数,如对专业知识较高的自动导航辅助驾驶系统的使用上,很少有熟练应用的驾驶员。垦区的人才引进上不应局限于是经管类、财务类、农学等方面。在垦区的大农业战场上,对于农机物联网技术、农业机械装备智能化控制技术、精准农业与数字农业技术的应用发展,没有一定的专业知识和一定数量的专业人员配备,是没有后劲的,引进相关农机专业中专以上人才也是重要配套措施。

(7)履带式半喂入收割机应成为引进工作重点。

(8)小型秸秆处理设备缺乏或成工作盲点。

水稻全程机械化,不仅仅是一个实现与不实现的问题,而是一个新技术淘汰旧技术,新机型替换旧机型的循环历程,只有从战略角度认识农机装备的重要性,从政策上扶持人才软件和装备硬件,应用与开发相结合,才能让垦区现代化农业持续辉煌。

项目 2

农业机械科研

【项目描述】

农业机械科研重点是项目选题，要注重研究结论的科技含量、产生的经济效益以及结题的难易程度。切忌难度过大、周期过长、没有经济效益。

任务 1　创新方法与思维

【任务目标】

1. 认知科研创新的方法。
2. 掌握创新的思维模式技巧。

【任务准备】

一、TRIZ 理论

TRIZ 理论的强大作用在于它为人们创造性地发现问题和解决问题提供了系统的理论和方法工具。TRIZ 理论的基本哲理，所有的工程系统服从相同的发展规则。这一规则可以用来研究创造发明问题的有效解，也可用来评价与预测如何求解一个工程系统的解决方案。像社会系统一样，工程系统可以通过解决冲突而得到发展。任何一个发明或创新的问题都可以表示为需求和不能满足这些需求的原型系统之间的冲突。所以，"求解发明问题"与"寻找发明问题的解决方案"就意味着在利用折中与调和不能被采纳时对冲突的求解。为探索冲突问题的解决方案，有必要利用专业工程师尚不知道或不熟悉的物理或其他科学与工程的知识。技术功能和可能实现该功能的物理学、化学、生物学等效应对应的分类知识库可以成为探索冲突问题解的指针。存在评价每项发明创造的可靠判据。这些判据是：该项发明创造是否建立在大量专利信息基础上的？基于偶然发现的少数事例的发明项目不是严肃的研究成果。事实证明，一项重大或重要的发明项目通常是建立在不少于1万～2万项专利(或知识产权/版权)研究的基础上。发明人或研究者是否考虑过发明问题的级别？大量低水平的发明不如一项或少量高水平的发明。因为，低水平的发明只能在简单的情况下运用。该项发明是否是从大量高水平的试验中提炼出来的结论或建议，在大多数情况下，理论的寿命与机器的发展规律是一致的。

创新思维方法与问题分析方法，TRIZ理论中提供了如何系统分析问题的科学方法，如多屏幕法等。而对于复杂问题的分析，则包含了科学的问题分析建模方法——物-场分析法，它可以帮助快速确认核心问题，发现根本矛盾所在。技术系统进化法则，针对技术系统进化演变规律，在大量专利分析的基础上TRIZ理论总结提炼出八个基本进化法则。利用这些进化法则，可以分析确认当前产品的技术状态，并预测未来发展趋势，开发富有竞争力的新产品。技术矛盾解决原理，不同的发明创造往往遵循共同的规律。TRIZ理论将这些共同的规律归纳成40个创新原理，针对具体的技术矛盾，可以基于这些创新原理、结合工程实际寻求具体的解决方案。创新问题标准解法，针对具体问题的物-场模型的不同特征，分别对应有标准的模型处理方法，包括模型的修整、转换、物质与场的添加等。发明问题解决算法ARIZ，主要针对问题情境复杂，矛盾及其相关部件不明确的技术系统。它是一个对初始问题进行一系列变形及再定义等非计算性的逻辑过程，实现对问题的逐步深入分析，问题转化，直至问题的解决。基于物理、化学、几何学等工程学原理而构建的知识库，基于物理、化学、几何学等领域的数百万项发明专利的分析结果而构建的知识库可以为技术创新提供丰富的方案来源。

二、头脑风暴法

一组人围绕一个特定的兴趣领域，没有拘束的规则，人们就能够更自由地思考，进入思想的新区域，从而产生很多的新观点和问题的解决方法。它满足自由畅想原则，严禁评判原则，谋求数量原则，借题发挥原则。

三、检核表法

围绕一个主题，将有可能涉及的各有关方面罗列出来，设计成表格(或问题清单)，逐项检查核对，并从中选择重点，深入诱发创造性设想。奥斯本的检核表法是从以下九个方面来进行检核的：现有的发明有无其他的用途；现有的发明能否引入其他的创造性设想；现有的发明可否改变形状、制作方法、颜色、音响、味道；现有的发明能否扩大使用范围，延长它的寿命；现有的发明可否缩小体积、减轻重量或者分割化小；现有的发明有无替代用品；现有的发明能否更换一下型号，或更换一下顺序；现有的发明是否可以颠倒过来使用；现有的几种发明是否可以组合在一起。

四、5W2H法

5W2H法是第二次世界大战中美国陆军兵器修理部首创。简单、方便，易于理解、实用，富有启发意义，广泛用于企业管理和技术活动，对于决策和执行性的活动措施也非常有帮助，也有助于弥补考虑问题的疏漏。WHY——为什么？为什么要这么做？理由何在？原因是什么？WHAT——是什么？目的是什么？做什么工作？WHERE——何处？在哪里做？从哪里入手？WHEN——何时？什么时间完成？什么时机最适宜？WHO——谁？由谁来承担？谁来完成？谁负责？HOW——怎么做？如何提高效率？如何实施？方法怎样？HOW MUCH——多少？做到什么程度？数量如何？质量水平如何？费用产出如何？

【任务实施】

1. 应用头脑风暴法

学生以小组为单位，对其他小组提出的问题做出解答。

2. 应用 TRIZ 理论

学生以小组为单位，对其他小组提出的问题做出解决方案。

【任务巩固】

小型连续进料秸秆炭化装置的设计(简介)

目的目标：生物黑炭一词，原本是指一种称为慢速热裂解的专门生产过程的产物，是生物质有机碳在无氧状态高温裂解下分离可燃气后剩余的炭化副产品。

背景技术：生物炭是近年来农林、环境及能源诸多研究领域关注的焦点，生物炭为废弃生物质利用、生物能源生产、土壤改良培肥、肥料创新、温室气体减排等提出了综合解决方案。20 世纪 90 年代中后期以来，以热裂解生物质生产生物炭，并将其用作土壤改良剂及固碳剂的研究日益增多。

国外状况：目前，从事生物黑炭转化技术和设备研发的机构都在致力于开发研制就地生物黑炭处理和生产系统。美国生物黑炭工程公司(BEC)是当前欧美国家开发生物黑炭机具的代表性企业，已有农场式生物黑炭生产机械，单台套 2.5 万美元，处理效率 50～1 000 kg/h。

国内状况：我国每年产生大量的秸秆等农业生物质废弃物，其中有相当大部分就地焚烧，不但脱离农业循环，而且产生大量温室气体排放，且污染空气，这一问题受到国际社会的关注。为了解决这个问题，中国科学家和工程技术研究者一直努力在探索以农作物秸秆废弃物为主的生物质废弃物的炭化生产及产业化运作机制。目前，我国企业生产的设备，经验成分居多，科技含量低，环保性、经济性差，推广应用难适应各地状况，不少秸秆处理厂先天性不足，建后闲置，无法形成正常生产循环。因而，急需那种能克服运输困难，可持续生产的一整套黑炭就地处理的技术方案和装备。

科研目标：小型连续进料秸秆炭化装置的设计，就是利用生物黑炭转化原理对作物秸秆进行处理。针对农村或农场地块分散，将水稻秸秆转化成生物黑炭，并对其副产品进行综合利用的成套设备。具有小型化、自动化、可控性高、低投入的环保产品。它可以将我国农村、农场的农业生产多余废弃物，如大量的水稻秸秆、玉米秸秆等，进行低碳减排，增肥地力等综合处理应用。

设计原理说明:与市场现有产品不同的是,本研究的核心技术实现了一是真正的无氧裂解,二是连续进料。技术原理如图 8-2 所示。

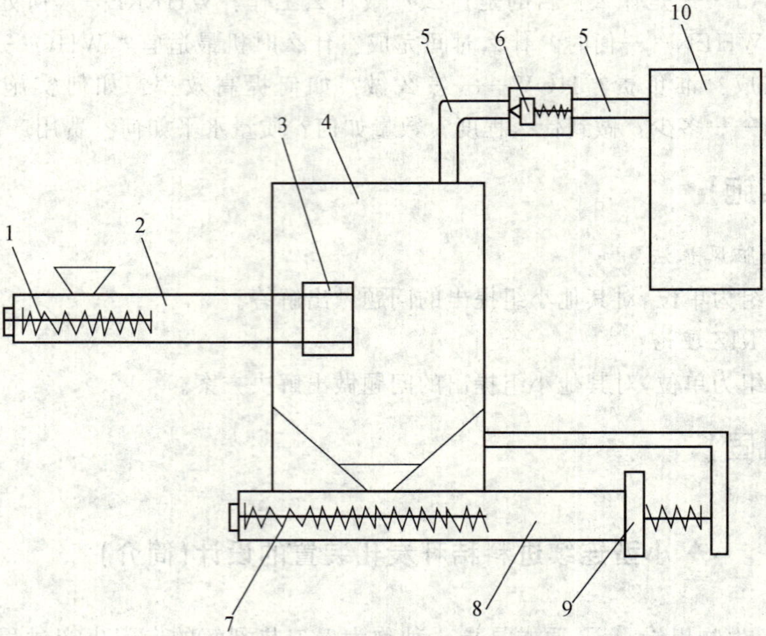

图 8-2　小型连续进料秸秆炭化装置示意图

1. 进料推杆　2. 进料筒　3. 控温加热器　4. 贮炭罐　5. 排气管　6. 单向阀
7. 出料推杆　8. 出料筒　9. 常闭压力门　10. 气体收集装置

进料筒 2 与控温加热器 3 内腔联通,进料筒 2 和出料筒 8 固定在贮炭罐 4 上,实体接口处密封且内腔联通,控温加热器 3 位于贮炭罐内部,常闭压力门 9 位于出料筒 8 末端,排气管 5 位于贮炭罐 4 上方并内部联通,单向阀 6 连在排气管上,其后接气体收集装置 10。作业起始,进料推杆 1 将秸秆在进料筒 2 内压实,贮炭罐 4 上联通有单向阀 6 关闭,下联通有常闭压力门 9 关闭,形成本装置与外界空气分隔。控温加热器 3 L 至裂解温度 400～500℃,秸秆分解出可燃气,使贮炭罐 4 内气压升高,压力气体通过秸秆间隙向外渗透,在进料筒 2 内成为阶梯式压力,由内向外递减,空气被缓慢挤出,挤出速度与进料速度均衡。当气压达到单向阀 6 的设定压力时,开始向气体收集装置 10 输出,出料推杆 7 将秸秆炭化物在出料筒 8 内压实,出炭时顶开常闭压力门 9 出料,贮炭罐 4 内有压气体通过秸秆炭化物间隙向外渗透,在出料筒 8 内成为阶梯式压力,由内向外递减,直至为零。常闭压力门 9 开启压力大于单向阀 6 动作压力,保证可燃气不泄漏。

任务 2　农业机械创新

【任务目标】

1. 认知农业机械及农机具创新的通用技术背景。
2. 掌握农业机械及农机具的创新技能。

【任务准备】

铧式犁的应用特点：铧式犁的作用是把地表的作物残茬、粉碎的秸秆、肥料以至杂草和虫卵等，翻埋到耕层内，不但耕后地表干净，有利于提高播种质量，而且可以减少杂草和虫害的发生。铧式犁最大的缺点是耕地时始终向右侧翻土，所以翻耕后的地面留有墒沟和垄背，有时耕后地表土壤不够细碎、平整，还需经过整地、平地等作业，才能达到播种要求。双向犁耕地时，既可向右翻土又可向左翻土，因此翻耕后的地面不会留有墒沟和垄背，但会增加整体重量和机构复杂，调节难度增加。岸下犁会对拖拉机的轮胎形成偏磨损。

旋耕机的应用特点：旋耕机在作业的过程中可以实现一次性作业。旋耕机的使用大大减少了作业的次数，节约了时间和能耗。尤其是在农忙季节，旋耕机的使用可以有效地完成生产，争取农时，有利于充分发挥土地利用率。碎土能力强，及时旋耕机在旱地进行作业，也能够通过拖拉机带动旋耕刀转动，实现对土壤进行切削。被切削出来的土块可以相互撞击，最后碎裂，同时碎裂后的作业面也非常平整，不会出现犁沟等作业现象。生产率极高，由于旋耕机在作业的过程中，其纵向的结构尺寸及入土行程都比较短，使得地头相应的缩小，可以大大提高其生产率。旋耕机的刀片受冲击力很大，容易弯曲断裂。周期性的冲击，使传动机构磨损严重，极易因过载损坏。耕深浅，不能单一使用。作业原理使单一使用时能量消耗大。

乘坐式高速插秧机的应用特点：机械插秧有序规整、浅插一致、定穴定苗，确保有效苗数，能够充分利用自然光照和温度，适合秧苗个体及群体生长要求，抗病虫害能力明显提高，具有水稻高产、优质栽培结构等优势。池田泥脚过深，插秧机容易陷车很难有高的效率。苗盘质量不好时，容易产生缺苗、折苗。

【任务实施】

1. 水稻全程机械化存在问题探究

学生以小组为单位，对水稻种植全程机械化中存在可改善环节的探究。

2. 玉米全程机械化存在问题探究

学生以小组为单位，对玉米种植全程机械化中存在可改善环节的探究。

【任务巩固】

水稻田晒水池池水增温装置

背景技术:水稻是我国的主要粮食作物,东北的寒地水稻种植面积更是逐年递增,其灌溉方式以井水灌溉偏多,而井水灌溉存在的主要问题就是井水初始温度过低,井水与地温温差大不利于水稻正常生长。目前常用的井水增温措施有设立晒水池法、溅水物晒水板法、灌渠覆膜渠道增温法及小白龙井水增温法,这些措施每个环节都能起到一定的提温作用,但都存在着灌溉用水与太阳能接触时间短、接触面积小、总体吸热量有限、提温低,灌溉水与地温温差大的缺陷。

发明内容:本实用新型的目的是要提供一种水稻田晒水池池水增温装置,它能有效地解决水稻灌溉用水水温低的问题,极大程度上缩小灌溉用水的水温与地表温度的温度差,并且成本低,操作简捷。本实用新型解决其技术问题所采用的技术方案是:一种水稻田晒水池池水增温装置,它包括空气增压装置、输气管、晒水池、空气细化装置,所述空气增压装置与输气管连接,输气管与空气细化装置连接,空气细化装置设置在晒水池内底部。工作时,空气增压装置吸收自然环境中的空气,再以一定的压力由输气管输送到位于晒水池底部的空气细化装置,经空气细化装置排出的空气在水中呈细小泡状上浮,由于地表空气与池水存在温差,气泡在上浮过程中与池水交换热量,提高水温。

特点:本实用新型以自然环境中的空气为热源,可利用资源无限、补充迅速、应用成本低、操作简捷故障少,彻底解决了以往提温方法的灌溉用水与太阳能接触时间短、接触面积小、总体吸热量有限、提温低,灌溉水与地温温差大的缺陷。

想一想

1. 举例说明农业机械应用的背景特点。
2. 农机具的创新依据是什么?

参考文献

[1]余友泰．农业机械化工程．北京:中国展望出版社,1987.
[2]梁荣欣．农业系统工程简明教程．北京:农业出版社,1992.
[3]张伟．农业工程概论．北京:中国农业出版社,1997.
[4]李问盈．农机运用与管理．北京:中国农业出版社,2011．